从小学点计算机

COMPUTER

魏 怡 著

江西美术出版社
全国百佳出版单位

图书在版编目（CIP）数据

从小学点计算机 / 魏怡著 . -- 南昌 : 江西美术出版社 , 2022.1（2024.1 重印）

ISBN 978-7-5480-8354-2

Ⅰ. ①从… Ⅱ. ①魏… Ⅲ. ①电子计算机 – 少儿读物 Ⅳ. ①TP3-49

中国版本图书馆 CIP 数据核字（2021）第 092843 号

出 品 人：刘 芳
企　　划：北京江美长风文化传播有限公司
责任编辑：楚天顺　朱鲁巍　　策划编辑：朱鲁巍
责任印制：谭　勋　　　　　　封面设计：韩立强

从小学点计算机
CONGXIAO XUEDIAN JISUANJI
魏 怡 著

出　　版：江西美术出版社
地　　址：江西省南昌市子安路 66 号
网　　址：www.jxfinearts.com
电子信箱：jxms163@163.com
电　　话：010-82093785　　0791-86566274
发　　行：010-58815874
邮　　编：330025
经　　销：全国新华书店
印　　刷：河北松源印刷有限公司
版　　次：2022 年 1 月第 1 版
印　　次：2024 年 1 月第 2 次印刷
开　　本：889mm × 1194mm　1/32
印　　张：4
ISBN 978-7-5480-8354-2
定　　价：29.80 元

PREFACE

科学是人类生存和发展的智慧结晶，可以给世界带来翻天覆地的变化。如今是一个科学大爆炸的时代，科学处在不断的变化、发展和更新之中，青少年了解了科学体系的概貌，形成与之相匹配的知识结构，才能够与时俱进地进行知识更新，才能透彻理解和轻松应对有关的各种科学问题。

现代生活中，我们几乎没有什么事情能离开计算机。计算机究竟是如何制作出来的？计算机到底是怎么工作的呢？为什么计算机只用0和1就可以进行复杂计算？互联网是怎么互联起来的呢？计算机为什么会听话呢？……

或许孩子长大后并不直接从事计算机相关工作，但他需要成为信息社会的主宰者，而不是被信息社会所控制。

全书的知识点涉及计算机科学的基础知识，如硬件、软件、互联网、万维网、编程语言、多媒体、人工智能等，汇集与生活息息相关的计算机科学知识，帮助孩子从入门到入室，构建完整的计算机知识体系。

你想借助计算机知识畅游信息海洋吗?你想驰骋网络空间吗?你想利用计算机知识攀登科技高峰吗?本书将帮你打牢基础，助你展翅高飞!

另外，全书选配了100 余幅图片，或是实物照片、现场照片，或是手绘插图，也有大量原理示意图和结构清晰、解释详尽的分解图等，再配以准确详尽的图注，与文字相辅相成，帮助读者形象、直观地理解各个知识点。

目录

CONTENTS

芯片和硬件

软件内部

日常使用的计算机

计算机科学的未来

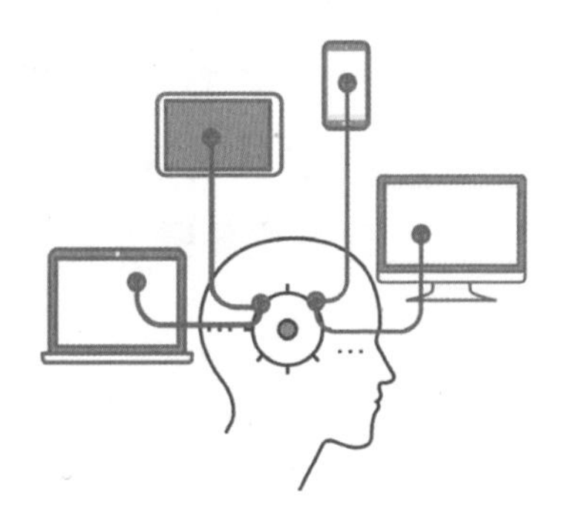

芯片和硬件

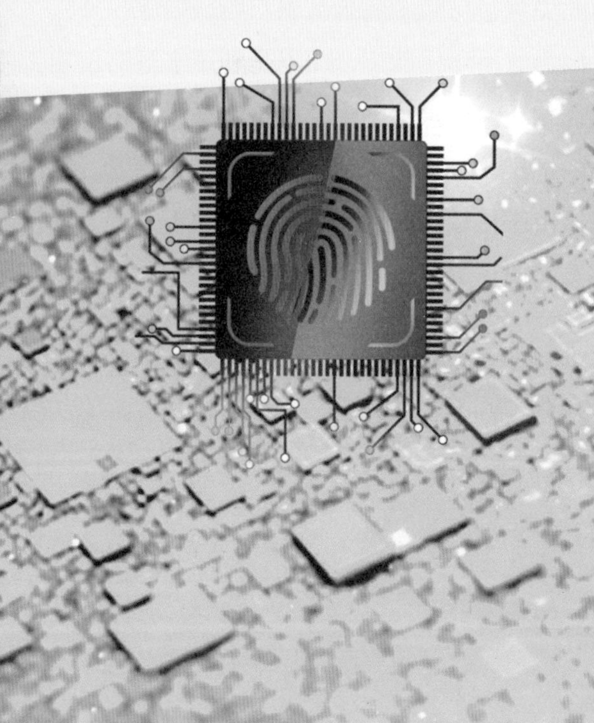

模拟记录和数字记录

记录的意思是保留一份测量的结果，可以表示为模拟形式或者数字形式。在一份模拟记录中，观察对象被转化为一个模拟的对象。例如，在读取大气压力的过程中，可以把一支水笔绑在一个气压计的指示臂上，这样水笔就会随着气压的变化而上升或者下降。水笔的位置经过校准后，就能在纸上画出表示气压变化的曲线。因此，水笔的运动就是对气压变化的模拟。

或者，气压也可以通过每隔一段确定的时间标注水银柱的高度来记录，间隔越小，记录就越准确。周期性读取日志就是一份数字记录，因为它使用了数字，而不是利用水笔的位置。与周期性监测气压计相比，用水笔来连续地记录气压变化看起来更能提供一份精确的记录——无论周期性监测有多么频繁。然而，当信息被传输时，由于传输系统的错误和本身的不完善，模拟记录就会变得不那么精确了。只有当摩擦力被最小化，而且纸张在笔下

←类似于一个模拟声音记录器，一个自动气压计会制成一份气压的永久记录。通常这份记录由一条墨线构成。自动气压计被设计为忽略压力的微小变化，而是记录几天里压力的大幅变化。

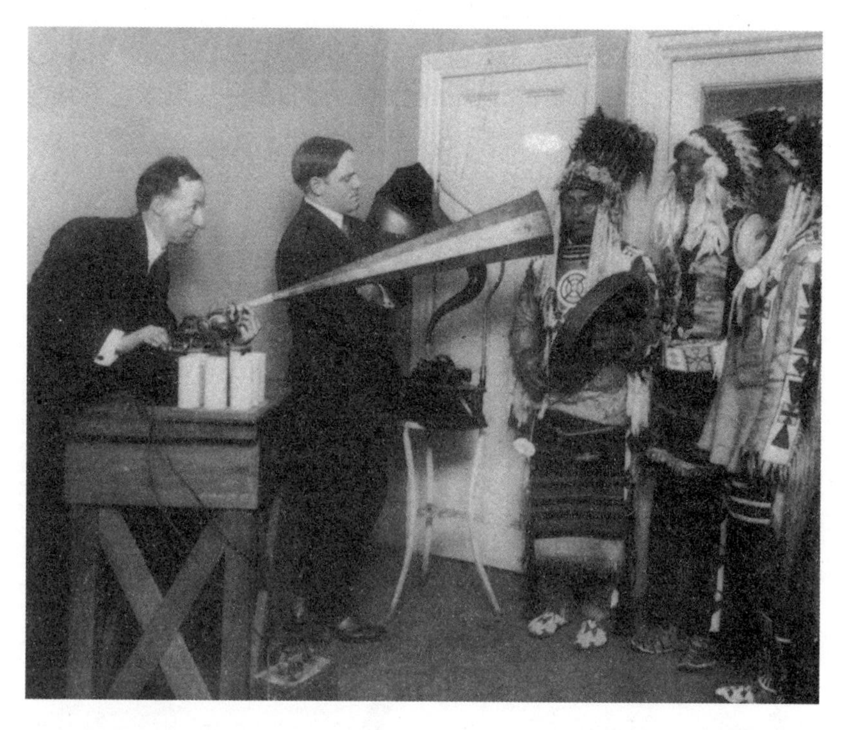

↑ 最早的声音模拟记录利用空气中的振动使一枚唱针振动并在一个唱片上形成凹槽。当唱片旋转的时候，再次将唱针放置到凹槽上就可以使其以相似的方式振动，因此重建了最初的信号。后来的记录以相同的方法工作，但是将信号转化为电子流。

移动的时候保持恒定受控的速度，上述自动气压计才能提供一份精确的记录。

模拟记录在某些应用中十分方便。例如，如果两个信号的模拟测量用它们的电流来表示，那么制作信号相加的电路就十分简单——只需要计算两个电流值的和。输入的电流是一个自然的模拟，并且新电流是相加过程的一个自然模拟。所以，在模拟声音记录中，信号的音量大小是由通过系统的电流强度来反映的。

另外，数字记录是永久的，而且可以精确复制。它们已经在很多领域替代了模拟记录。在这些领域中，往往需要进行复杂的传输，如声音记录。数字记录的质量依赖于信号的采样（测量）频率。为了改善信号的输出，简单的方法是对数字采样的量加倍，而不是对传输过程中使用的所有传输系统的质量进行加倍。

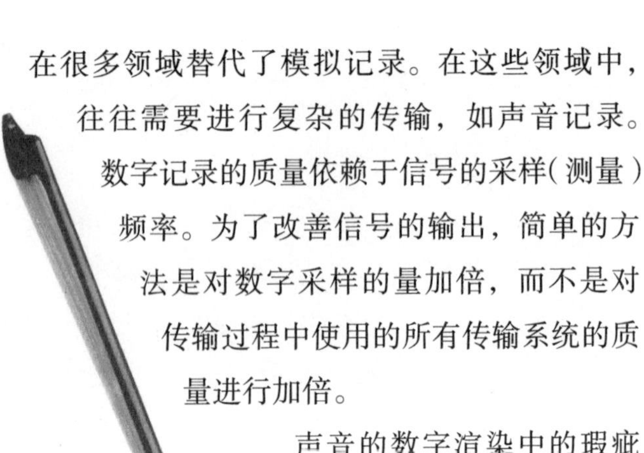

声音的数字渲染中的瑕疵绝大多数都产生于记录的实际时间。之后，声音的数字记录被精确地保留下来，直到信

↘ 小提琴的琴弓导致了一根琴弦的振动。这种振动在空气中产生了持续的波，从而将声音传到人的耳朵里。距离演奏者不同位置的气压的连续读数就组成了一份音乐演奏的模拟记录。

号被转化回模拟形式，并在扬声器中播放出来。我们可以很容易地制作数字记录的原样拷贝，而且只要数据没有丢失，1000年后的数字记录仍会和最初的一样精确。与此相比，一份模拟的声音记录会在复制的每个阶段都遭受质量损失。

↓ 音乐的一份数字化记录由一套存储为数字的声波读取组成。采样越频繁，记录越精确。在一个采样设备如一台数字磁带录音机中，气压的变化会导致麦克风膜片的振动，这种振动被转化为模拟电气信号——被采样转化为数字形式。

↓ 数字化记录可以以数位的一个序列存储到压缩光盘中。重建记录时，回放设备必须确定在可供读取间选择哪种振幅。这被称为插值。线性插值假设可以采用直线段来连接记录点。二次插值可以生成更平滑的曲线。

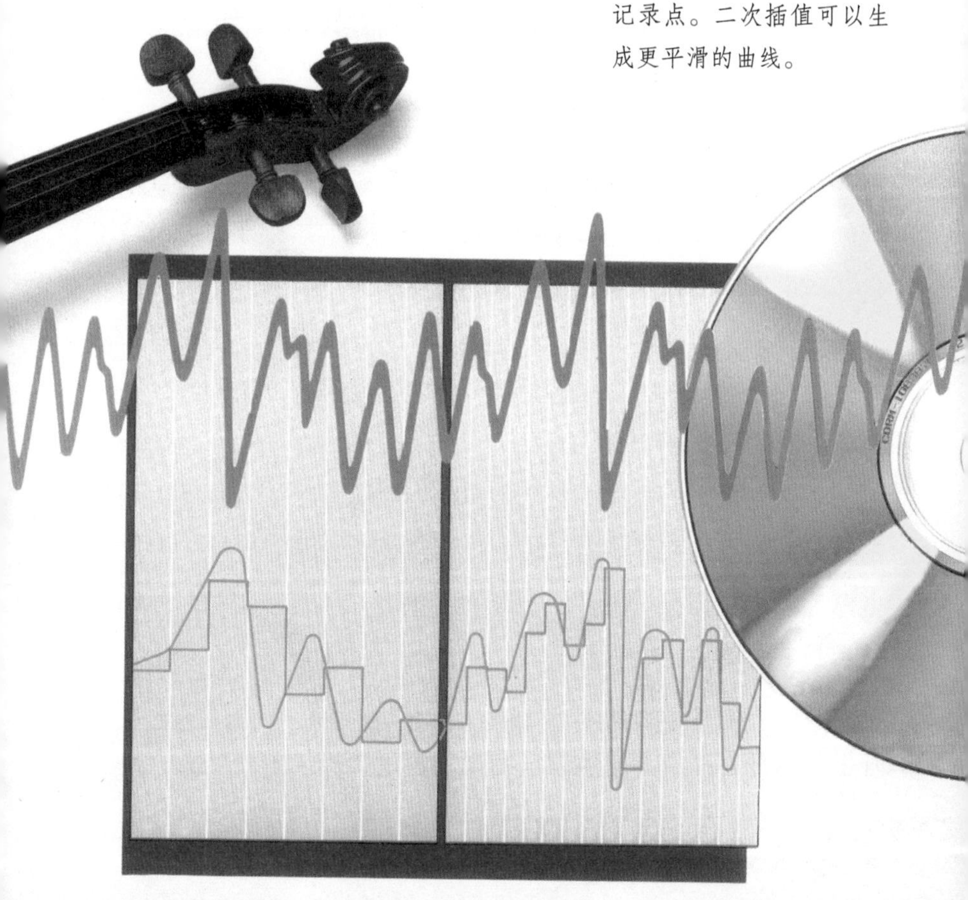

集成电路

20 世纪 40 年代和 50 年代的早期计算机由几柜子的真空管或电子管组成，它们被用作电开关和放大器。这些管子体积巨大，而且需要预热才能正常工作，从而极大地限制了早期计算机的设计。同时，信号从管子一端传送到另一端所耗费的时间也严重限制了计算机的运行速度。以现在的标准来看，早期计算机只能进行一些琐细的运算：一台真空管或电子管计算机如果想要获得和 20 世纪 90 年代的个人计算机相同的处理能力，那么它就必须有一个 2 万人的镇子那么大。

一股强劲的推动力使计算机更小，核心突破在于晶体管的发明。1948 年，晶体管由美国贝尔实验室的科学家们发明。晶体管是由半导体材料（如硅）制成的固体芯片，通常有三个连接脚，分别叫作集电极（源极）、发射极（漏极）和基极。这些固态物件只有几毫米见方，没有移动部分；它们使得电子器件可以更加微小，更加可靠。

下一个重大的发展是集成电路的发明。在集成电路中，所有的线路都被蚀刻在印刷电路板上，不需要单独的导线连接。集成电路连续地更新换代使得计算机的处理单元先缩小成单个柜子，然后是一块单独的板子。

1961 年，硅芯片的发明允许复杂电路蚀刻到一块微小的芯片上。这种芯片由半导体材料制成，通过掺入杂质来形成电路连接和晶体管。现代芯片可能包含几百万个这样的晶体管，而且除了携带处理单元之外，还可能含有大量的其他部件。这种我们称为“超大规模集成（VLSI）”的小型化技术，已经使得制造便携式计算机和其他小型设备成为可能。

处理器并不是唯一变得越来越小和越来越快的部件。早期计算机的内存由一些独立的磁环或磁芯串在线上组成的一种晶格构成，每个磁环或磁芯可以记忆单个的数位。类似地，最早的存储磁盘是躺在巨大的柜子里的。对上述每个器件，解决方法都是相同的——更小就更快。

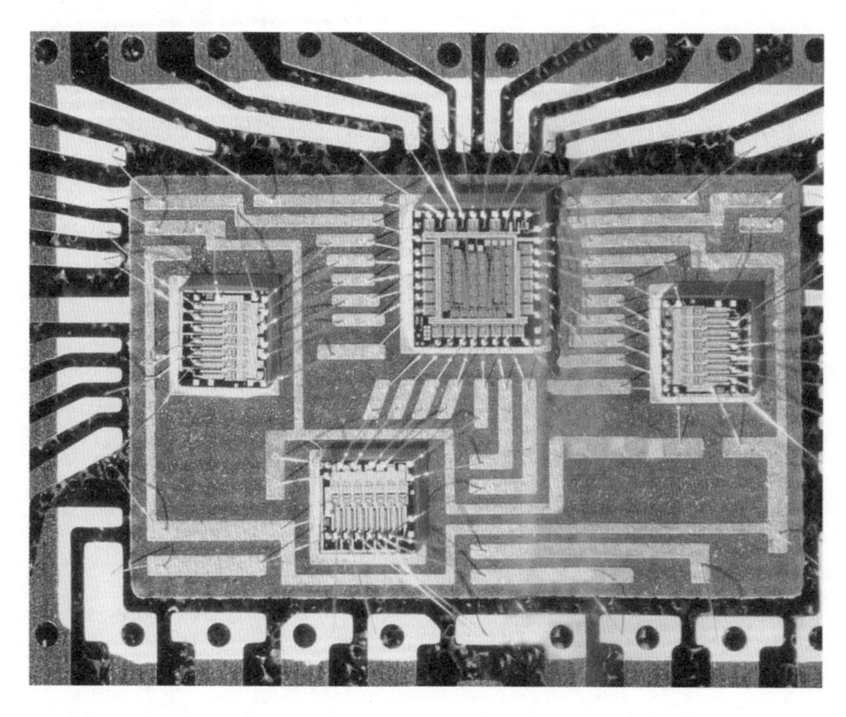

↑ 这里的 4 块芯片，每片边长都是几毫米大小，通过细线连接到单块底板上，而这块底板上已经印刷了电路连接。整个器件被称为混合芯片，能像一块集成电路那样工作。

↑“自动计算机”的后视图。这台机器由英国国家物理实验室在 1953 年制造出来，设计思路基于该实验室的阿兰·图灵博士的观点。由于当时的计算机采用独立的线路来连接真空管，因此这台机器需要这些混乱的连线。

所有的现代电路的基本组成部分都是晶体管，像一个开关一样运作。电路电流到达晶体管的集电极（源极），然后一般从发射极（漏极）离开，但是在两者之间是一个小的开关，也就是基极。如果信号 1 被加到基极上，开关打开，电流能够流过；如果加上信号 0，那么电流就无法流过。考虑到其他部件的布局，操作一个开关可以将输入端连接到一个指定电压值的输出端，或接地，从而得到信号 1 或 0。

场效应晶体管只需要很小的电流，所以它们非常适合构成芯片内部的电路。补充金属氧化物半导体（CMOS）系统采用成对的补充开关，就像运河上的水闸，一个开启，另一个就关闭。水闸可以不让河水流动，而一个 CMOS 开关则能使电流减到最小。计算机工程师试图通过最小化信号需要传输的距离来最大化运行速度。数据传输路径非常狭窄，只有几微米宽度。放置这样的路径是一个巨大的挑战，就像设计在使用中不会熔化的晶体管一样困难。

→一个晶体管可以被设置为电子开关的模式工作。在场效应晶体管中，一片 n- 型半导体材料，如掺杂磷的硅，被放置在 p- 型硅基上的两条铝带之间。当一个正电荷被传递到基极时，硅材料的电子就被吸引出来，使电流流动。当基极的电荷被移除，电路就断开了。

← 微芯片是一块集成电路，具有上千个分层的电子部件。纯净的硅晶体被覆盖上硅氧化物和感光树脂。某些感光树脂保持未曝光的状态，并被一种溶剂溶解（1）。硅氧化物因为用酸腐蚀而变薄，而硬化的感光树脂被溶解（2）。加入更多的感光树脂，以及多晶硅导体，并重复覆盖步骤（3）。未曝光的感光树脂被溶解，而多晶硅和硅氧化物则被腐蚀。曝光的感光树脂被移除，而芯片层被掺杂磷（4）。覆盖和腐蚀（5）形成了孔，连通到多晶硅和掺杂硅。覆盖的铝带通过穿孔形成电路连接，完成晶体管（6）。

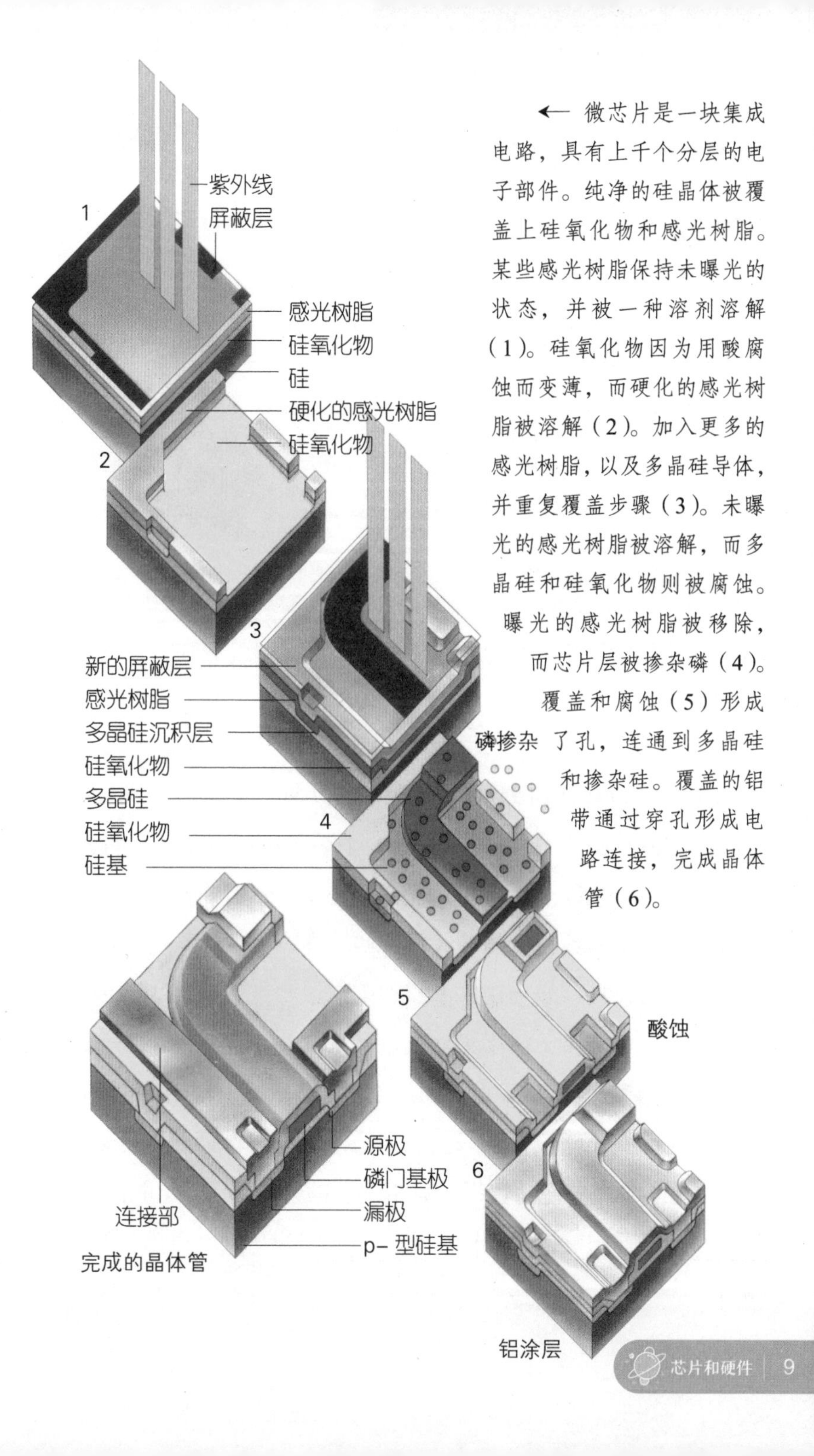

什么是计算机？

与计算器只能实现算术功能不同，计算机可以用来画图、写小说，以及存储复杂数据并能被方便地调用。然而，两者的内在区分并不总是那么清晰。像计算器一样，一台计算机也只能处理数字及进行简单的数字运算。每一项任务都从之前的一个步骤或一个外部输入设备接收一些输入，然后将它的输出传递到后续步骤。计算机可以被编程来执行一个指令集合，然而，并不是所有能被编程的机器都是计算机：一台编织机或一台露天管风琴也可以被编程，但是它们不能执行计算，也没有内存。

计算机与其他机器的区别也许可以通过一台假想的“计算机”来体现，这台“计算机”包含 4 个需要执行一项计算的部件：一个输入、一个算术 - 逻辑单元（ALU）、一个内存和一个输出，同时可以利用各种长度的导线将这些器件连成一体。通过将 ALU 的输出接回到它的某个输入上，就能实现一个数字集的自动相加。每次给出一个结果，该结果就准备和来自外部输入的下一个数进行相加。当整个列表都完成相加之后，ALU 的输出就可以被重定向到内存中存储最终结果。最初的连接会被再存储进行第二次加法运算，然后内存被连接到算术单元的一个输入上，利用指令，用存储在内存中的数字去除第二次相加的和，最后将结果加载到输出。

如果一台机器在它的各个单元之间都有可能的连接，在每个连接上设置一个开关，就会带来极大的方便。通过编程开关序列，一台计算器就能实现自动化。可以添加一个类似儿童音乐盒的设备，它的旋转圆筒上带有引脚，可以接通每个开关。只要在合适的位置上存在一

↖ 露天管风琴的“程序”被存储在一卷纸或一段折叠卡片上。它由一定数量的行排成列构成。管风琴上的每个音符都有一个列与之对应。为了演奏某一行，管风琴必须奏响某个特定的音符——这个音符在这一行的位置上为一个小孔。管风琴通过有序的奏响每一行来完成它的演奏程序。

→很多袖珍计算器可以被编程，而且有些还能生成简单的图形如曲线。一个程序最简单的形式是一个由计算器从头到尾完成的击键序列。然而，如果程序总是产生同样的结果，那么它就毫无用处。因此必须有某种方式允许用户输入数字（数据）。

个恰当的程序，就可以提供输入，运行程序，并自动显示最后答案。

晶体管是开关的理想器件。被编程指令可以存储为一系列的二进制数字，依照开关的顺序从左到右排列。如果要设置开关的“开”，每个数位就要设置为1。每个数字都叫作一条指令。为了防止和输入ALU的数字产生混淆，人们把这些开关数字（指令）称为“代码”，那些输入的、内存中的和输出的数字称为“数据”。代码告诉计算机怎样去设置它的开关。沿着线路传输的数据流的开启和切断也由这些代码控制。

因此，计算机可以被定义为这样一种设备：能根据预置的代码序列自动处理输入数据。一旦信息（字、颜色、图画，甚至声音）被转化为数字形式，该定义就可以应用到所有计算机上——无论用于高等数学、文字处理还是绘画制图。

中央处理器

一台现代计算机的处理器，或称中央处理器（CPU），通常是单块微小的硅芯片，是计算机的“心脏”。其他部件采集、传输和发送数据，只有处理器进行计算。处理器有许多不同的区域，执行不同的功能。一般来说，计算机一次只能完成一个单独的操作——尽管它可能在1秒钟内完成几百万次操作。每一个复杂操作都被分解为最简单的单元，而CPU控制这些操作的执行次序，使得所有步骤都可以高效完成。

CPU的计算区域就是我们所知的算术–逻辑单元（ALU）。最简单的ALU只有单个的存储区域，叫作累加器，只能存储一个数字。与之相关的是若干寄存器，或称暂存器，暂时存储送交ALU处理的数据。为了完成两个数的相加，将第一个数装入累加器，第二个数装入某个寄存器，并加到累加器上，再将结果输入到另一个寄存器中。

CPU中的记忆区域（称为缓存），用于收集、存储指令和数据。另有一个程序处理区域，用于分析包含在程序代码中的指令，以及一个总线区域，用于处理CPU各部分之间及CPU和计算机内部外部的其他设备如磁盘或键盘之间的所有通信。CPU的每个位置及连接到CPU上的每个设备，都有一个地址，使总线可以从中读取数据或向其写入数据。此外，还有一个时钟，控制着处理器的全部操作。“奔腾4”处理器中的时钟以2.53GHz（每秒循环

1. 代码缓存　2. 时钟驱动器　3. 取指　4. 分支预测逻辑　5. 指令译码
6. 控制逻辑　7. 总线接口逻辑　8. 复杂指令支持　9. 数据缓存
10. 整数单元　11. 浮点单元

↘ 为了执行一条指令，处理器将指令指针中的地址放到总线上取指，并等待接收指令，然后将指令移动到译码器中。在这里，指令被译码为序列化微代码。译码器有一条指令加 6 取寄存器 500，并将结果放到寄存器 600 中。这条指令通过下列步骤以微代码的形式执行：移动 500 到累加寄存器 1 中，在累加寄存器 2 中形成数字 6，相加，将结果存储到累加器 3 中，将结果移动到寄存器 600 中，然后获取下一条指令。指令被移动到控制单元进行执行。

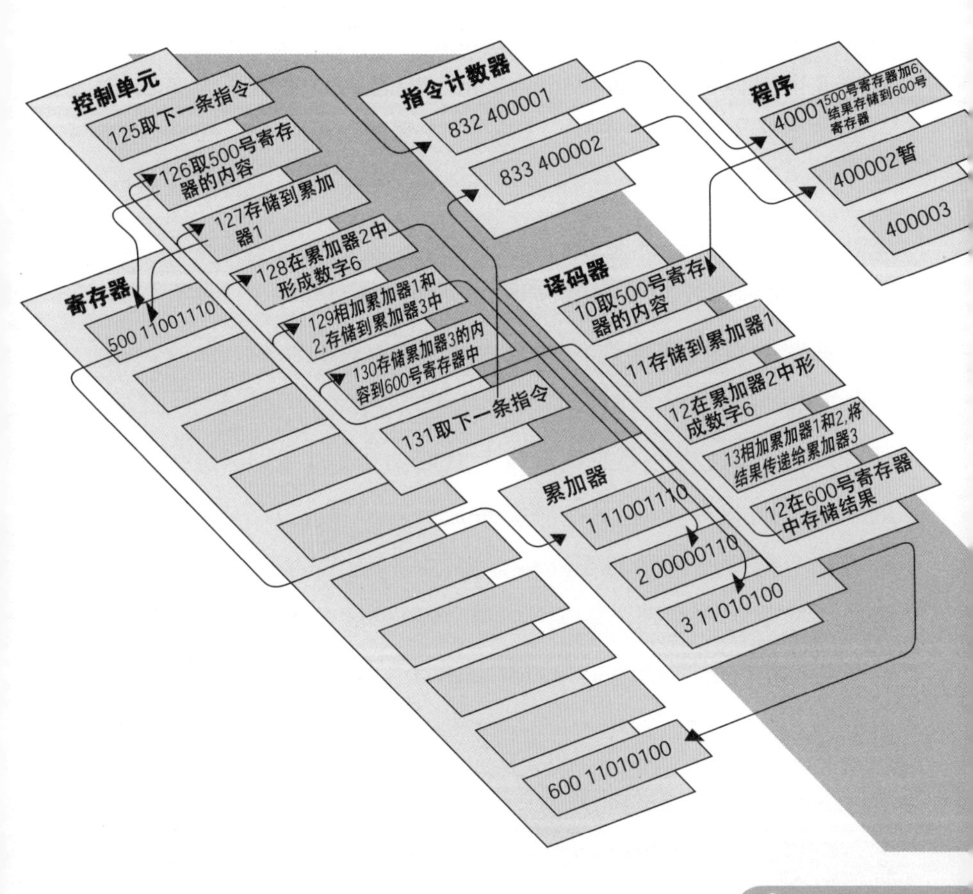

运转 25.3 亿次）的速率运行。

为了执行一个程序的每一行，CPU 中的许多区域都会投入运行。例如，一个程序要求处理器对地址为500的内容加上6，并将结果存储到 600 地址，那么这一指令序列可能运行如下：由于计算机正在执行一个已存储的程序，所以指令必须从一个外部地址获取——可能在磁盘上。处理器保留着一个计数器，叫作指令计数器，告诉总线单元从哪个地址取得下一条指令。首先，程序计数器要求总线单元调用程序的下一行，再将其传递到程序处理区域进行分析。其次，控制单元告诉总线去获取地址 500 的内容。总线输出这个地址并表明正在读取，然后从该地址带走数据，并通知控制单元。控制单元使数据传递到累加器。再次，控制单元在一个临时位置形成数字 6，并发送信号 ALU 将该位置的内容加到累加器上。最后，它再把结果传递到总线上，并告诉总线将其输出到地址 600。总线写下地址600，表明其正在写，并将数据发送到该地址。

某些现代处理器在设计时将上述过程分为 4 个阶段，每一阶段定时为单个的时钟周期：取指（获取一条指令）、译码（分析得出指令的意义并从总线上获取所需的数据）、执行（在 ALU 中执行指令）、存储（将结果放回到总线上）。一条指令的译码和存储阶段常常需要读写寄存器——从寄存器上收集数据或存储数据到寄存器上。而处理器在处理的整个周期中不再需要多余地访问外部设备（如内存或磁盘存储器）。

内存

大多数可以读写代码和数据的地址是用于存储的。如果处理器把数据写到一个存储地址，那么之后读取这个地址时，它就会期望在那里找到同样的数据。

与磁盘或磁带可以永久存储不同，内存芯片是一种暂时的（或动态的）存储器：当计算机关闭电源时，内存中的信息通常会丢失。内存由一定数量的芯片构成，每块芯片由三极管和电容构成几何阵列，可以存储数百万位的数据。芯片上的每一个位置都通过水平和垂直的电路连接组成的网络连接，因此可以利用两个相关的连接器进行访问。它能以保存在电容器中的微小电荷的形式存储单个的数位——0 或 1。每一个位置都像一个开关："开"（充电），表示存储 1；"闭"（放电），表示存储 0。事实上，计算机程序从来不会访问一个单独的内存位置：可独立编址的最小单位由 8 比特（或内存位置）组成，叫作一个字节。每个字节都有自己的地址，都可以看作一个文件架，通过总线连接到处理器。

当处理器把一个内存地址写到总线上，内存控制器就会到该地址查看这个字节。当数据出现在总线上，而且处理器正在向内存执行写入操作，那么内存字节的每个数位就会带走其中一根总线数据线上的内容，并且丢失原来包含的所有数据。如果处理器在执行读取操作，那么总线中的每根数据线就带走内存字节中的一个数位的内容，但是内存字节也保留其内容。

由于内存的每个位置都可以通过它的连接线构成的坐标进行访问，所以内存中的任何项目都能和其他项目一样被快速访问——无论它们中的哪一个被存储。与此相反，对于存储在磁带上的数据而言，在提取到数据之前，磁带必须旋转到确切的位置，因此对某些数据的访问会比其他数据更容易一些。由于访问所有的内存位置都同样容易，因此我们把计算机中的内存叫作随机访问存储器（RAM）。相比于磁盘存储，访问内存进行读写是相当快速的。

内存速度对于一台计算机的功能化至关重要，因此内存芯片存储器尽可能安装在靠近中央处理器的地方。使用一块缓存同样可以提高速度。例如，如果处理器从一个特定的地址 101 读取了内容，它同时会把这个值记忆在自己的内部存储器中，这个内部存储器就是缓存。如果需要再次用到相同的地址，处理器就可以从缓存中更快地找到这个值，而无须访问总线。当缓存已满的时候，其中陈旧的数据就会被丢弃，从而为新的数据让出空间。在执行一次特定操作的过程中，一个地址很少只被访问一次，更可能的是短时间内的若干次被访问，所以一块缓存可以在很大程度上提高内存性能。

随着计算机的功能变得日益强大，并且应用程序中加入了越来越多的复杂特征——尤其是加入了高质量的图片，就需要有更大容量的内存芯片。20 世纪 80 年代早期，最初的个人计算机只有 64KB 的 RAM，而今天常用的 PC 至少需要原来的 1000 倍之多才能正常运行。为了使老机器能够运行更新的软件，增加更多内存的方法通常是可行的。

→静态 RAM 由逻辑门构成。以舰船上的信号员为类比，当另一个输入为绿色时，信号员继续举持一面绿色或红色的旗子，并将其看作一个输入。当另一个输入变成红色时，信号员将举持的旗子降下并升起另一面旗子。信号员并不会意识到其中的一个输入就是输出。加在“门”上的规则非常简单：如果确定一个输入为红色时，显示红色。因此，一面红色旗帜的瞬间挥舞就会将输出从一面旗帜转到另一面。这个“门”以开关的形式工作，可以被设置为红色或绿色，并能保持其设置。

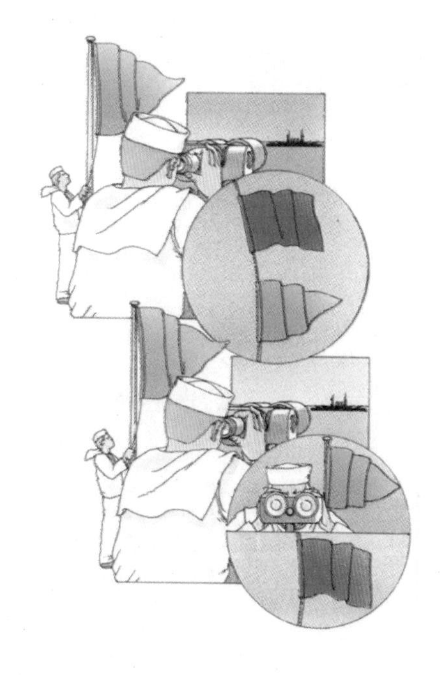

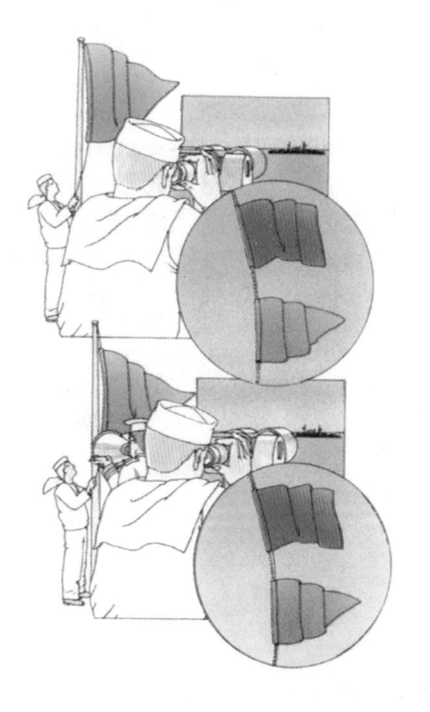

←动态 RAM，或 DRAM，通过存储电容来动作，这些电容必须持续充电。在这幅图中，如果每隔几毫微秒不去提醒信号员 / 守门员应该显示哪面旗帜，那么他就会放下旗帜。当动态 RAM 被读取时，它就会丢失自己的内容。而且即使它们没有被读取，内容也会泄露。为了克服第一个问题，每次对一个 DRAM 位置读取后，电路必须紧接着将它的值写入。为了克服第二个问题，每个位置必须被频繁地读取（也就因此被刷新）。尽管这一过程十分复杂，但是由于 DRAM 非常廉价，所以在大多数系统中都是用 DRAM 作为大容量的存储器。

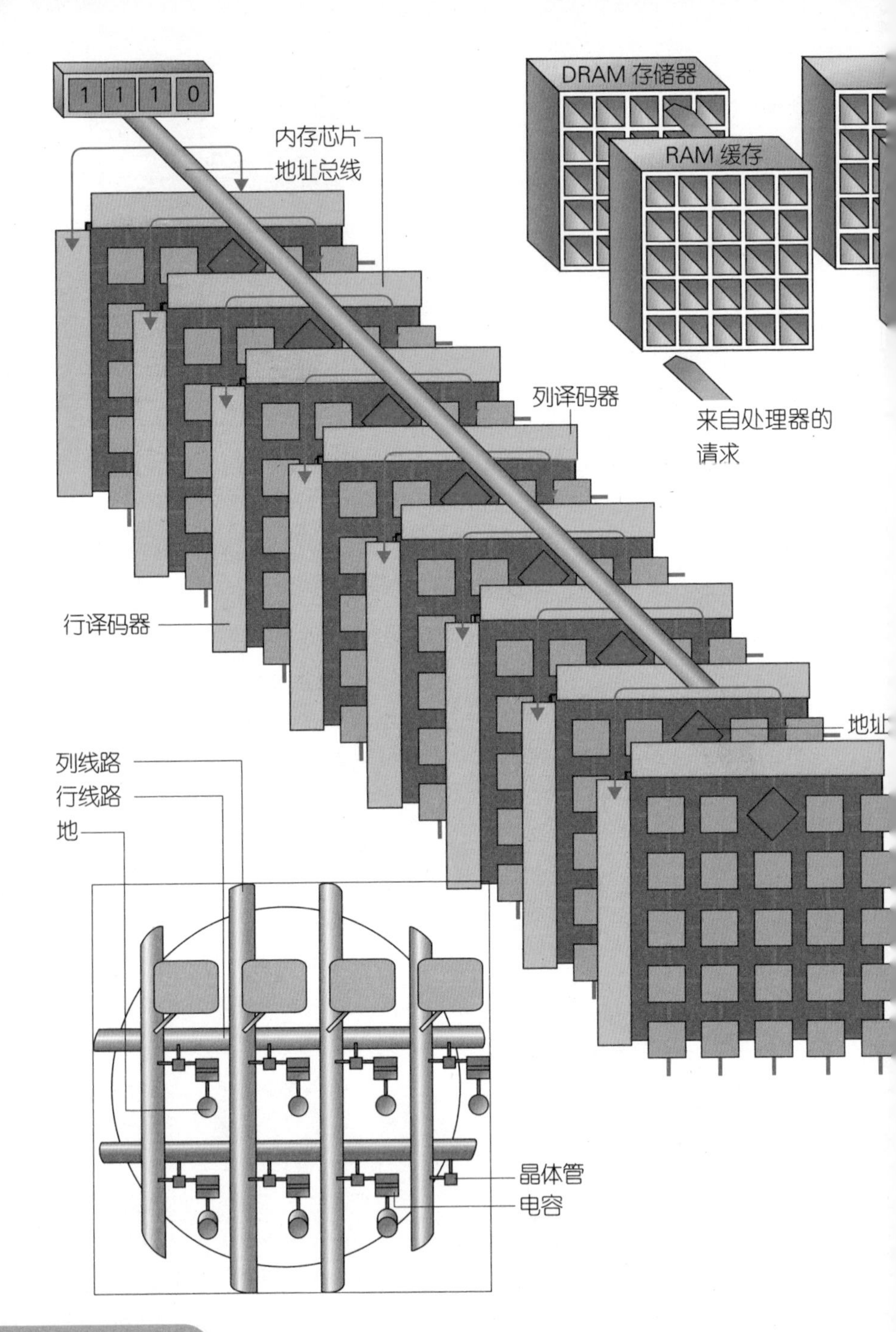
1 1 1 0
内存芯片
地址总线
DRAM 存储器
RAM 缓存
来自处理器的请求
列译码器
行译码器
地址
列线路
行线路
地
晶体管
电容

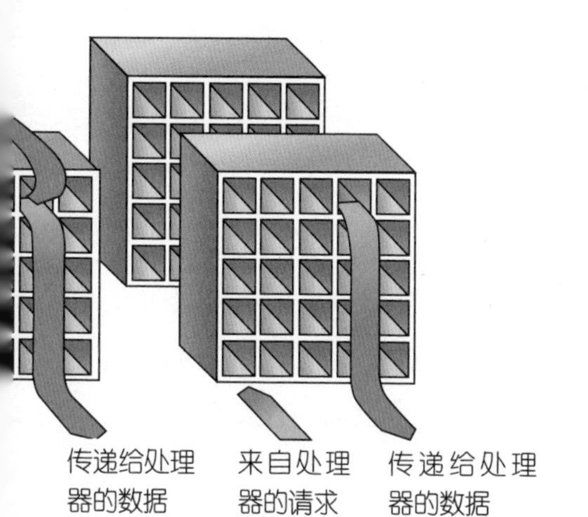

只读存储器（ROM）不能由处理器执行写入操作，而且速度一般慢于 RAM。在现代计算机中，ROM 用于存储底层数据，如启动代码；还可以用于存储禁止用户修改的程序或数据。

←↑ 内存芯片由一个存储单元阵列构成，每个单元都有一个唯一的地址（如左图）示。当一个地址通过地址总线到达芯片时，垂直和水平坐标分开，然后由行、列译码器选定单独一个单元。如果需要写入一个 1，电荷就被存储到这个单元的电容中；当这个单元的内容被读取，电荷会重新传回到列线路上。只有当一个单元的列线路和行线路同时被激活时，这个单元才会受到影响。RAM 芯片中的电荷被不断地刷新，防止其流失。一个 8 位系统需要 8 个这样的芯片构成堆栈来存储字节：构成这个字节的每个数位在芯片上都有相同的地址。如上图所示，缓存中的快速静态 RAM 通常被用于加速 DRAM。当处理器请求数据时，这个数据同时被传递到缓存中。

← 每个 DRAM 存储器单元都由一个电容和一个晶体管组成，它们沿一条竖直（列）和水平（行）的线路排列。电容本身包括两个导体，由一个绝缘体分隔，其中一个接地。晶体管被用作开关：打开它就允许电容上的电荷流动到输出线路上。

存储设备

一旦切断电源，计算机内存中的数据就会丢失。为了保存信息，用户必须将信息转移到另一设备上，这个设备在断电的情况下依然保留数据。可以通过磁化某种合适的介质来存储数据，而最常用的介质就是磁盘。

磁带曾经是存储数据的流行设备，但是每次为了到达指定点，磁带都必须从头开始转动。在一个磁盘上，数据被存储在一个表面平坦的一系列环上，这些环叫作磁道。当读写头经过磁道上方，以电脉冲的形式携带数据时，磁盘表面铁的氧化物微粒就会排列，改变极性来指示 1 和 0。

软盘可以从计算机中移走，由一片很薄的带有涂层的塑料构成，现代常见的软盘是装在一个硬塑料盒子里。压缩磁盘比标准软盘稍大一些，要求采用一种特殊的驱动器。

硬盘置于一台计算机的内部，不能被移走，读写部件和磁盘是不可分离的，都被封装在一个隔区里，隔离灰尘和其他污染物。相比于软盘，硬盘的磁头更加敏感，数据排列也更加紧密。一个硬盘可以有一个圆形盘，每一个盘面都有自己的读写头。因此，硬盘可以比软盘存储更多数据，通常具有几十 GB 的容量。

无论磁盘有多少容量，它都被设置（格式化）为一系列的圆形磁道，每个磁道又被分为若干扇区。一个扇区是可以读取的最小单元，而且可能包含有一些头部信息来鉴别的存储数据。从磁盘读取和向磁盘写入时，必须同时指定扇区和磁道。用户无须知道数据存储的物理位置，因为系统本身保留着一份磁盘空间清单，并组织扇区的选择。如果一份文档写入磁盘，需要 3 个扇区的存储空间，计算机就会找到当前未被使用的扇区（不一定是一个紧接着另一个），将数据放在那里，并记录扇区位置，用于日后参考。如果用户扩展了文档使得它需要 4 个扇区，那么系统就会找到一个额外的扇区进行存储。如果缩短文档，一个扇区空间就被空出来。

对于用户而言，类似于文档这样的一个数据整体是一个文件，被存储在文件系统中，而文件系统由操作系统进行管理。计算机维持着一个文件目录，用来记录当前的文件名及磁盘上第一个扇区的位置。一个文件分配表记录着每个文件占用的扇区，指引读写头从一个扇区跳到下一个扇区，以完成整个文件。

一个压缩光盘只读存储器（CD-ROM）采用了不同的存储技术，能在一片直径为 12 厘米的可移动盘上存储 650MB 的信息：通过在盘表面刻印来完成数据（以数位形式）存储，并利用激光束读取数据。数据被存储在单条螺旋轨道上，但是激光可以跳到任意点，快速访问。可重写 CD（CD-RW）现在已经得到广泛应用，而数字化视频磁盘随机访问内存（DVD-RAM）驱动器也已经投入使用。

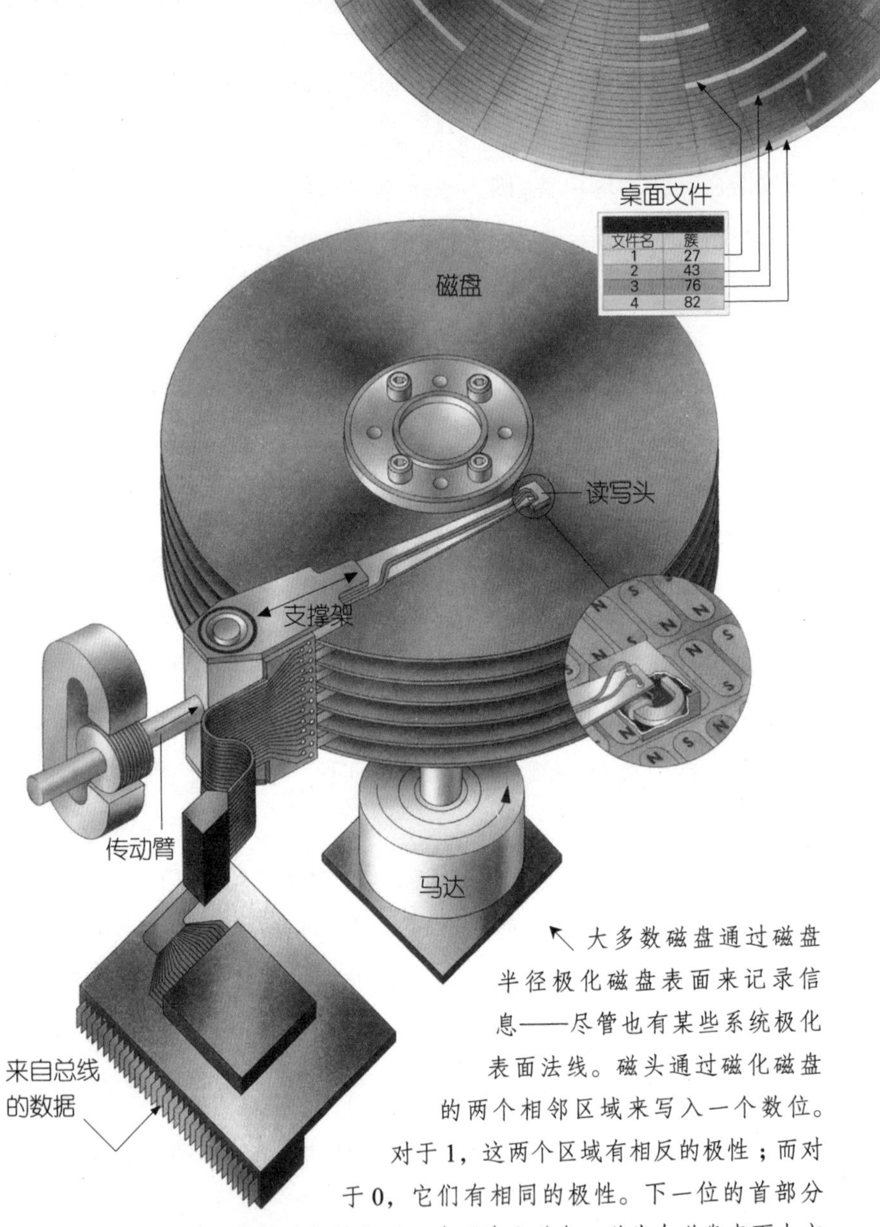

↖ 大多数磁盘通过磁盘半径极化磁盘表面来记录信息——尽管也有某些系统极化表面法线。磁头通过磁化磁盘的两个相邻区域来写入一个数位。对于 1，这两个区域有相反的极性；而对于 0，它们有相同的极性。下一位的首部分的极性总是和前面区域的极性相反。为了读取磁盘，磁头在磁盘表面上方的移动会导致电流流过磁头，电流方向取决于表面的极性。一个硬盘的读写头“悬浮”在磁盘表面上方仅为毫米的十万分之六七的高度，而磁盘以 3600 转 / 分的速度旋转。整个磁盘被密封起来，以隔离灰尘。

↙ 操作系统将一个文件分割为单元，并将其存储到磁盘的特定磁道和扇区上。例如，在 PC 上使用的 DOS 操作系统在磁盘上的一个固定位置记录一个目录（称为根目录），并标注每个文件在磁盘上的起始位置。磁盘上的空间以簇来分配。文件分配表（File Allocation Table，FAT）告诉系统，哪一簇应该被下一个读取。当需要额外的空间时，FAT 允许系统找到一个空闲的簇。构成一个文件的簇可能会变得零碎,或分散到整个磁盘上。然而，只有当一个给定文件的所有簇都顺次排列时，磁盘才能达到最快的工作速度——一块磁盘可以通过碎片整理来达到这一效果。

→ 一个光盘，如一片 CD–ROM，将数据存储为一串凹点，蚀刻在光盘表面上。这些凹点可以用一束激光来读取。CD–ROM 不能由计算机来写入，但是 CD RW（可重写 CD）可以存储那些可以被覆盖的数据。

计算机外围设备

从用户那里得到数据或者对用户显示数据都需要有额外的设备。它们位于计算机的外部，所以称为外围设备。从 20 世纪 80 年代以来，几乎所有的计算机都配备了键盘、打印机和显示屏幕，而早期的计算机只能从打孔卡片接收数据，并且只能输出到打印机，所以这些计算机使用起来很不方便，并且需要专家来操作。

现在多采用键盘、鼠标、扫描仪、数码相机和其他设备来完成大部分数据输入。计算机键盘和打字机键盘较为相似，但是除了基本字母键之外，计算机键盘还有一个光标键区，用于在屏幕上移动光标；有一个数字小键盘，几个控制键，以及一系列的功能键——可以为其分配特殊功能。

按下一个键就使一个电路完整，计算机中的处理器就会检测到一个按键事件；松开按键，计算机就会检测到一个按键松开事件。每次有此类事件发生的时候，计算机的中央处理器就中断当前工作，转而处理按键事件。如果计算机当前并没有在等待来自键盘的输入，它就会将按键细节保留到一个队列中，直到需要键盘输入的时候。

鼠标也是一种输入设备，它使得用户可以很容易地在屏幕上选定位置。它包含一个旋转圆球，圆球可以将自身的运动传递给计算机。作为响应这些输入，屏幕上会有一个可见光标对应地移

↑ 一台显示器可以提供画面显示，但是显示质量依赖于视频适配器。在PC上应用最为广泛的一种视频适配器称为VGA。它可以在640×480的屏幕分辨率下提供16色的图形，而这已经足够让用户运行Windows了。

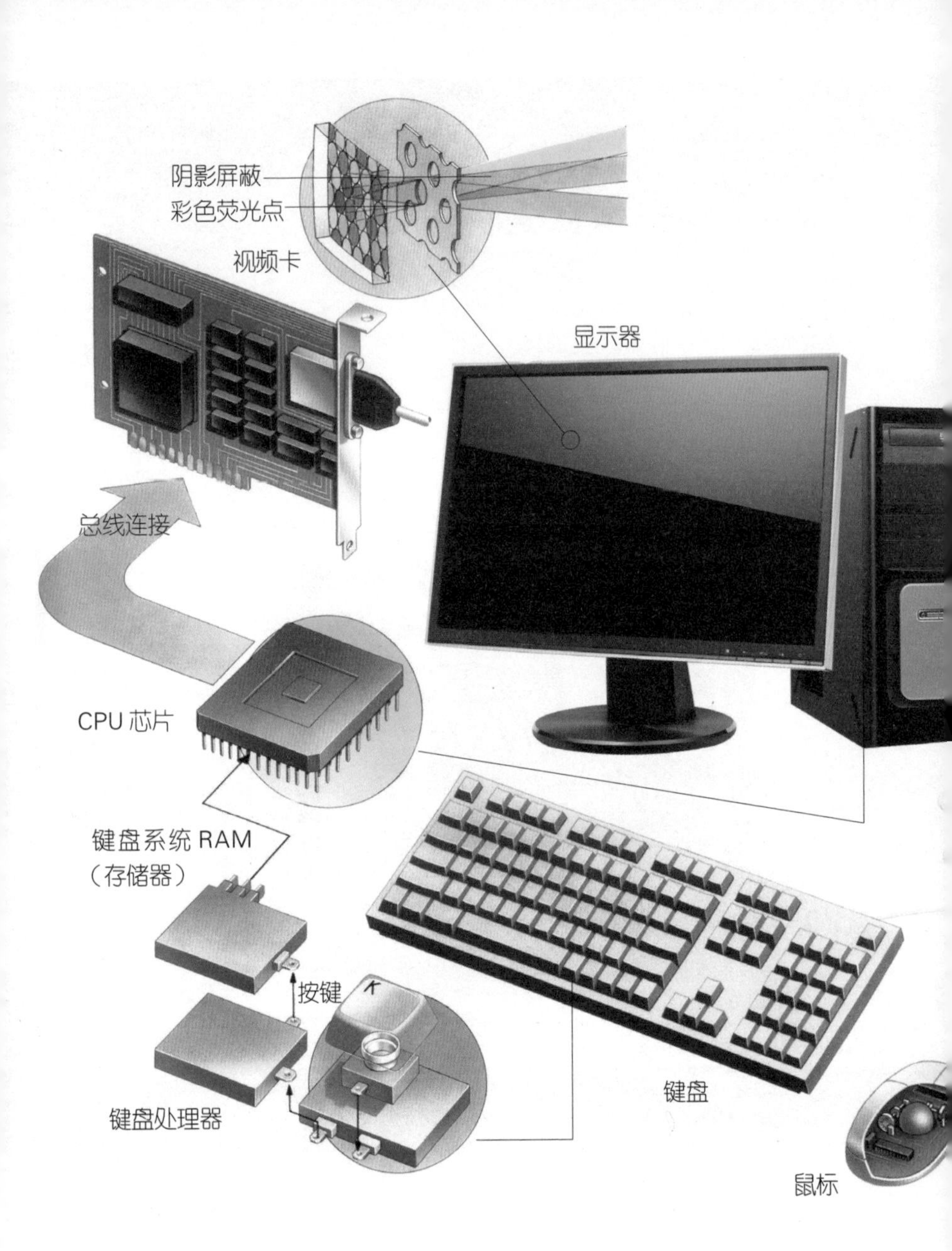
阴影屏蔽
彩色荧光点
视频卡
显示器
总线连接
CPU 芯片
键盘系统 RAM
（存储器）
按键
K
键盘处理器
键盘
鼠标

← 以旧式计算机为例，当用户按下或松开一个按键时，一个扫描代码会记录这个按键的位置。这个代码通过一个串行接口发送给 PC，然后一个中断就会告诉处理器，处理器就会停止当前工作并查看这个代码。存在一个表标识每个按键上的字符。处理器选择一个字符，并将其放到一个缓冲区中，程序可以从这个缓冲区中读取这个字符并将其显示在屏幕上。为了完成这一过程，程序会找到视频适配卡的总线地址，并发送显示以指令字符——确切格式依赖于卡的类型。将一个字符放到屏幕上需要这个字符的一幅图片：来自某种字体的一个字形。某些系统利用处理器来完成这一任务；在其他系统中，适配卡具有这种能力。结果就是，视频适配器 RAM 中的某些像素记录了屏幕上变化的色彩的每个像素的颜色。适配器 RAM 不断地生成信号来更新屏幕。字符在 RAM 中出现之后，更新就会使这个字符出现在屏幕上。

动，并显示选定的当前位置。鼠标上还有几个按钮，可以通过按下（点击）这些按钮向计算机发送指令。光学鼠标与此类似，但是没有滚动球。在很多笔记本电脑上还使用了一种滚动球设备，这种设备可以在固定位置上进行转动。

用户通过观看一台监视器，或称视觉显示器（VDU）来观察计算机的工作。笔记本电脑的屏幕采用液晶单元来生成彩色显示，但是大多数的监视器都采用一块带有荧光涂层的玻璃屏幕，由一支电子枪对屏幕逐行扫描，使荧光粉发光或者维持暗淡。通过瞄准排列在屏幕背后的红色、绿色或蓝色的荧光粉，电子枪就能选定颜色。扫描过程如此之快，以至于人们看到的就是一幅连续图像。每秒都必须对荧光粉进行多次重新激发，否则它们的光亮就会减弱，显示就会变得暗淡。纯平屏幕也正在变得流行起来。

外围设备通过特殊的连接器连接到计算机上。在大型系统中，计算机可能在一段距离之外，那么监视器上就可能有一个控制器直接连到计算机上。但是在一个桌面系统上，如一台个人计算机上，监视器是连接到计算机本身的一个视频适配器上，而视频适配器则连接到总线上。计算机的中央处理器可以向视频适配器中的一系列地址发送数据。最简单的设置为：这些地址点靠点地存储屏幕要求的内容，并且处理器可以简单地通过写入适当的内存位置来改变屏幕。

视频适配器以一种适当的格式保留一幅屏幕图像，通常是通过记录屏幕上颜色的每个连续点来实现，直到收到 CPU 的指令要求它改变这幅图像。适配器必须将它的屏幕映射图转化为信号，使屏幕以合适的速度被重绘，维持一幅连续的、无颤动的图像。

软件内部

编写程序

程序是一个面向计算机的指令集合。它可能只是一个单独的算术操作；也可能是一系列指令，用于执行一个巨大而且复杂的任务（通常称为一个应用程序）。编写程序的第一步是全面分析应用的需求。程序员的初始任务是完成一份软件说明，概述软件需要实现怎样的功能，将要运行在怎样的计算机上，以及可能用到哪些资源。下一步，需要完成一份设计说明，解释程序如何满足上一步说明中的要求，说明程序怎样工作。在这一阶段，任务就被分解为成分单元。任务的某些部分可能以前就已经被编程，程序代码的某些模块或许就可以从早期的程序中导入。

一旦完成了设计说明，程序中新的部分就要被编码，从而生成面向计算机的一系列指令。指令以二进制整数的形式存储，并以机器代码的形式交给处理器；每台计算机都有能够执行的一系列指令，这些指令构成一个指令集合。每个可能的指令都用一个数字表示，称为操作码。例如，一个程序员可能希望把两个数加到一起并存储结果，第一个数可能在寄存器 2 中，第二个数在寄存器 3 中，而可能需要的结果在寄存器 5 中。用于相加两个寄存器的操作码可能为 11，所以，“把寄存器 2 和寄存器 3 加到一起，把结果放到寄存器 5 中”的整个序列可以表示为 11，2，3，5。为了节省空间，不同数字被打包在一起，所以几个数字作为一个数字化的数共同占用一个空间。当一条指令被处理完毕，内存中的下一个数字就成为下一条指令的操作码。

程序员并不需要把程序写成数字序列的形式。大多数程序员更喜欢采用一种特殊的“高级”语言，在这种语言中，每条指令都有一个符号化的名字，而设计这种语言也正是为了使编程更简单。在这种语言中，一条单独的陈述也许就能生成几个机器指令，而且程序员并不需要去关心处理器执行这些指令的细节，所以一条单独的陈述可以被用于有非常不同的设计的计算机上，并生成不同的指令。高级语言通过一个程序——编译器机器代码被翻译。一种特殊的程序叫作汇编器，用于将这些指令的符号化名字翻译为数字操作码。汇编器需要了解程序上运行的特定处理器的细节知识：在这一层面上，不同类型的计算机需要不同的程序。

不同的编程语言有各自的优点。第一种流行的高级语言——FORTRAN，允许程序员编写赋值公式而不是面向处理器的指令。它仍然十分流行。

COBOL 被设计用于商业目的。它的指令表现为伪语句的形式。例如，在 COBOL 中，指令“Z=X+Y”写成“Add X to Y giving Z”。Algol 是基于逻辑规则设计的第一种语言，但是却被 Pascal 及之后的 C 语言（和 C++）所取代。

HTML（超文本标记语言）用于编写万维网的网页，现在被 XML（扩展标记语言）所取代。Java 被设计用于网络计算机，它作为虚拟机将指令分解为小的片断和函数。虚拟机有计算机的头衔，却不包含属于自身的任何硬件。

一个计算机程序和一个编织模式很相似，即使用者读取一条指令，执行指令，再移动到下一条指令，再执行，依次类推。

↓ 解决问题意味着提出以下问题：这个问题怎样才能被分解为更容易的子问题？子问题又被给出同样的分析。问题的数量增加了，但是每一个问题都更简单。一个子问题也有可能比初始问题更加复杂。这样就有必要重新开始。

↓ 如果一切正常，这一问题会被分解为一定数量的可以解决的小问题。到了这一点上，就有必要策划怎样将所有的解决方案组合在一起。对于每个问题，在解决前决定什么值及解决方案是什么很重要。在这个例子中，程序必须能做的事情之一是计算 2 的幂。

→ 程序员写出解决问题的代码。它可能不是完成任务的最优代码；之后，如果有必要，程序员可以回过头来改进代码。这里所示的程序（用 C 语言编写）告诉计算机设置一个相对于 1 的变量叫作 **x**，然后 **x2j** 次。答案在 **x** 中。

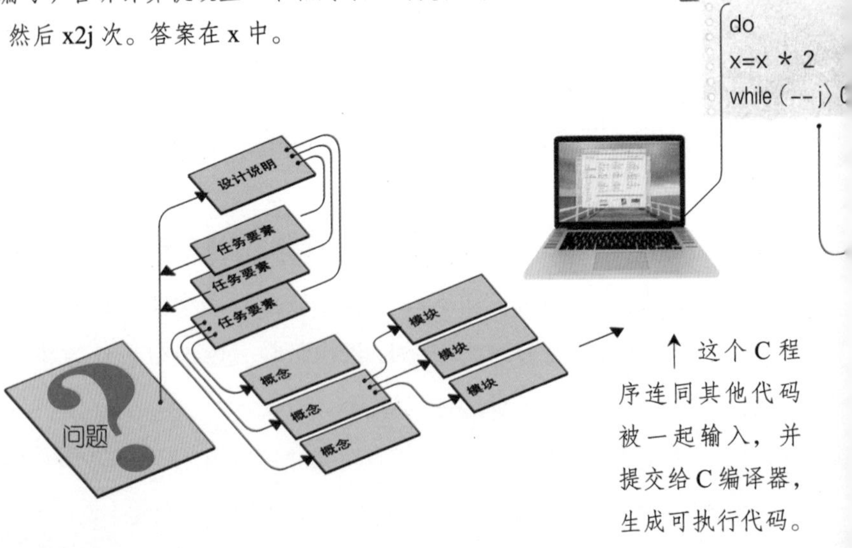

↑ 这个 C 程序连同其他代码被一起输入，并提交给 C 编译器，生成可执行代码。

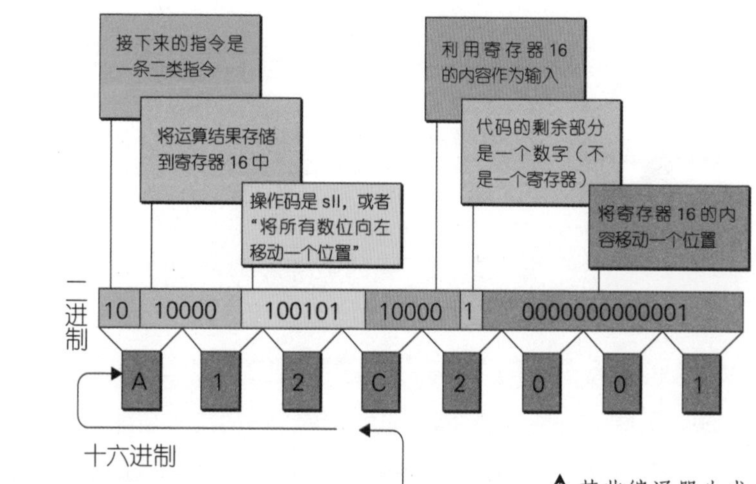

↑ 某些编译器生成特定形式的代码——目标代码，这种代码适合于链接其他代码并执行。其他编译器则生成这里所示的符号化汇编代码。在这个例子中，输出必须经由一个汇编器处理，以生成最终目标代码。这里所示的符号化输出适合输入到一个汇编器，用于一台 SPARC（可扩展处理器架构）处理器——一种非常快速的设计，采用一种简单的指令集。第一条指令将值——1 放到寄存器 %l0 中，而第二条将寄存器 %l0 左移一个位置。

↑ 编译器会试图改进代码的执行。这个程序没有意识到一个数字乘 2 可以利用左移一位做得更快；某些编译器还会用“将 x 左移 j 个位置”这样的一条指令来代替这个环。

↑ 编译器读取程序，并确保所有事情都表达准确。例如，程序员忘记了第一条赋值语句之后的分号，编译器会报错。

操作系统

一台计算机只有当它能够访问外围设备时，才有实际用途。外围设备包括打印机、存储器、显示器、键盘等。这些设备中的任意一个都可能由于一个不同的模型而被改变，这样就需要不同的程序来产生相同的结果。一台主机可能连接到上百个外围设备。每个设备都需要以一种特定的方式被编程。例如，某些设备被建立起来以接收来自处理器的指令的一个序列，而另一些设备则中断处理器运行并需要全程监控。

一个操作系统是一个程序集合，它允许用户使用这些程序完成对外围设备的访问，而无须了解这些设备须工作的细节。例如，它允许用户给出命令，将一个文件保存到磁盘上，而无须了解更多细节，如磁盘驱动器的结构或尺寸，或者磁盘上已存在的文件分配等情况。类似地，操作系统为每个存在的打印机类型提供一个对应的设备驱动程序，由这个驱动程序携带指令以强调一个特征，并发出那台特定设备所期望的代码，而计算机用户并不需要关心打印机工作的细节。

应用程序通常会被编写为与特定的操作系统协同工作，所以，一个文字处理器可能会和 MS-DOS 操作系统一起在一台个人计算机上工作，却无法在 Windows 操作系统下运行——尽管还是同样一台机器。它同样不能在苹果机上工作，因为苹果计算机采用了 Mac OS 操作系统。

↑类似于一个操作系统，一个图书馆向一个用户群体分配有限的资源。一个应用程序请求一个服务，如打印机输出。这个系统在不同的位置有多台打印机，它决定在某个资源的等待队列中，把这个读者放到哪个位置。当访问一个资源被阻止时，“聪明的”应用程序会找其他的事情来做，而不那么聪明的应用程序则只是简单地等待。

大多数外围设备的运行速度要远远慢于处理器。如果一台计算机一次只完成一项工作，那么它就会将大部分时间花在等待打印机和磁盘完成它们的工作上。因此，大多数操作系统支持多任务机制，允许几项工作在同一时间运行，所以，当一项工作等待打印完成的时候，另一项就可以使用处理器。在一台个人计算机上，可能一项工作是打印一份报告，另一项是校验一份长文档的拼写，第三项也许是运行一个游戏。一台主机可能同时运行数百个不同的工作，这就有可能导致访问该计算机资源的时候发生冲突。一个程序可能会读写另一个程序在内存中的数据，或者两个程序在同一时间试图使用同一台打印机。操作系统的工作之一就

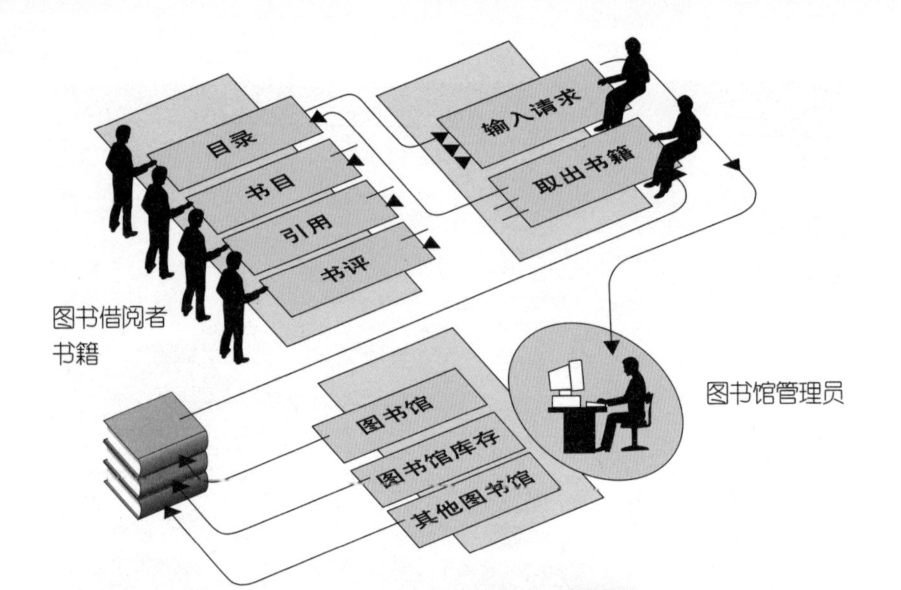

↑图书馆借阅者以各种格式发出请求取决于数据的来源，图书馆管理员翻译这些请求。借阅者不需要知道哪些书籍存放在附近的书架上，哪些书籍存放在不同的大厦里，但是这对于管理员而言是相当重要的。图书馆管理员生成一个合适的请求来获取所需书籍。如果书籍被移动到一个新的位置，借阅者使用的参考仍然有效，但是管理员将它们翻译为不同的内容。

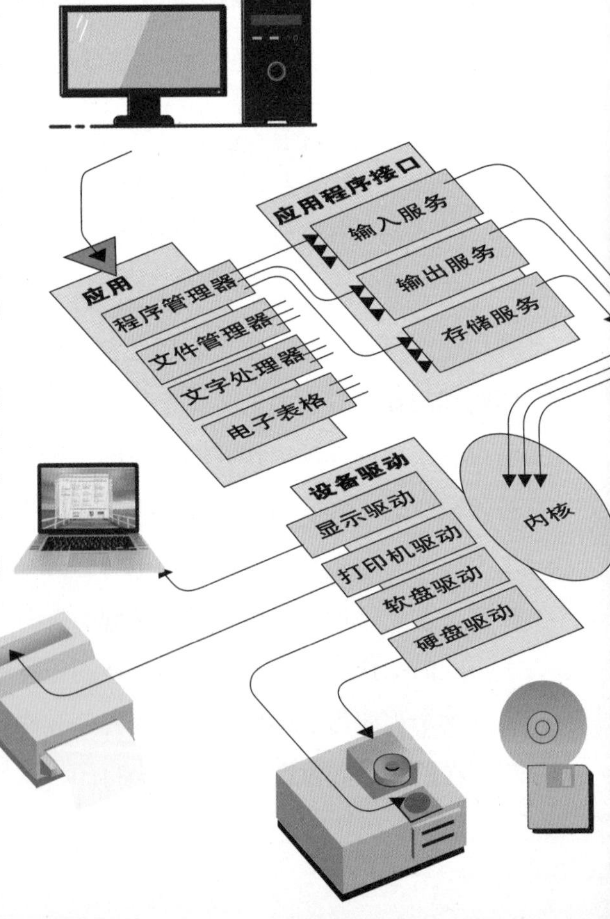

← 发送给操作系统的很多请求都是和输入输出有关。输入服务从一个外围设备请求数据，输出服务指引数据到一个外围设备上。从一个软盘读取是一项输入服务，打印是一项输出服务。用户会认为输入和输出意味着输入到计算机及从计算机输出。但是对于操作系统而言，输入意味着输入到处理器,而输出意味着从处理器输出。一个程序将临时信息写到硬盘中，并将其读回。从外部看来，似乎并没有发生输入或者输出，但是操作系统检测到了一个输入请求和一个输出请求。更加现代的操作系统可以利用磁盘空间来模拟内存（虚拟内存）。

是控制资源访问，因此每项程序在运行时就似乎独占了硬件资源的访问权。

为了使上述系统有效，必须有一些只允许由操作系统执行的优先指令，而处理器必须监测普通任务执行这些指令的企图。只有操作系统的核——内核，被允许执行这些优先指令。为实现这种机制，操作系统会在程序请求的时候执行所有的输入（数据从外围设备传输到内存）和输出（数据传输到外围设备）。处理器使这些输入/输出指令优先,因此就只有一个优先程序才能执行它们。每次操作系统将控制权交给一个用户程序时，都会关闭优先模式。

当一台计算机启动（引导）的时候,最先加载的是操作系统。这种机制可能有不同的实现方式。对于个人计算机而言，一个很小的程序在只读存储器（ROM）中被预编程，被用来从磁盘上读取操作系统的内核，然后内核加载其他所有内容。

对于较大型的计算机而言，UNIX 是一个广泛使用的操作系统。它采用 C 语言进行工作，非程序员会觉得它难以使用。Linux 是一个基于 UNIX 的免费系统，正在逐渐变得流行。个人计算机多采用诸如 MS-DOS、Windows 或 Mac OS 这样的系统。主机通常有自己的操作系统。

数据库

数据库是一个已存储信息的集合，可以通过不同路径访问其中的单个项目。可以将它比作一个卡片索引，其中的数据能被自动检选，并以许多方式呈现。许多数据库作为一致的卡片的一个序列被组织在一起，就像记录卡，包含属于某个项目的所有数据；记录了许多字段，携带与该项目相关信息的每一片断。一个商店货物的一个数据库可能会有每种库存物品的一条记录，并包含多个字段，分别记录价格、库存代码、库存中的项目数量及库存中应当储备的最小数量等。

数据库使数据以多种形式呈现给用户。如果需要一份记录清单而不是单独的“卡片”，记录可以按行显示，而字段按列显示。可以选择显示某些字段，隐藏其他字段。

可以取出数据库中的信息以响应一次查询。在上面的例子中，所有的库存项目能以字母顺序列出，或以值的降序排列。也可能显示在一个给定列中有一个特定值的所有记录。假设苹果的库存代码为 1046，那么如果请求调用库存代码等于 1046 的记录，就会使数据库取出关于苹果的数据来。

查询数据库并不需要来自计算机使用者，它们也可以被用在软件应用程序中以计算结果。商店里的电子结账系统可以读取产品上的条形码（条形码也就代表了库存代码），向数据库查询这一库存代码的记录，然后使用数据库中指示的价格作为顾客总账

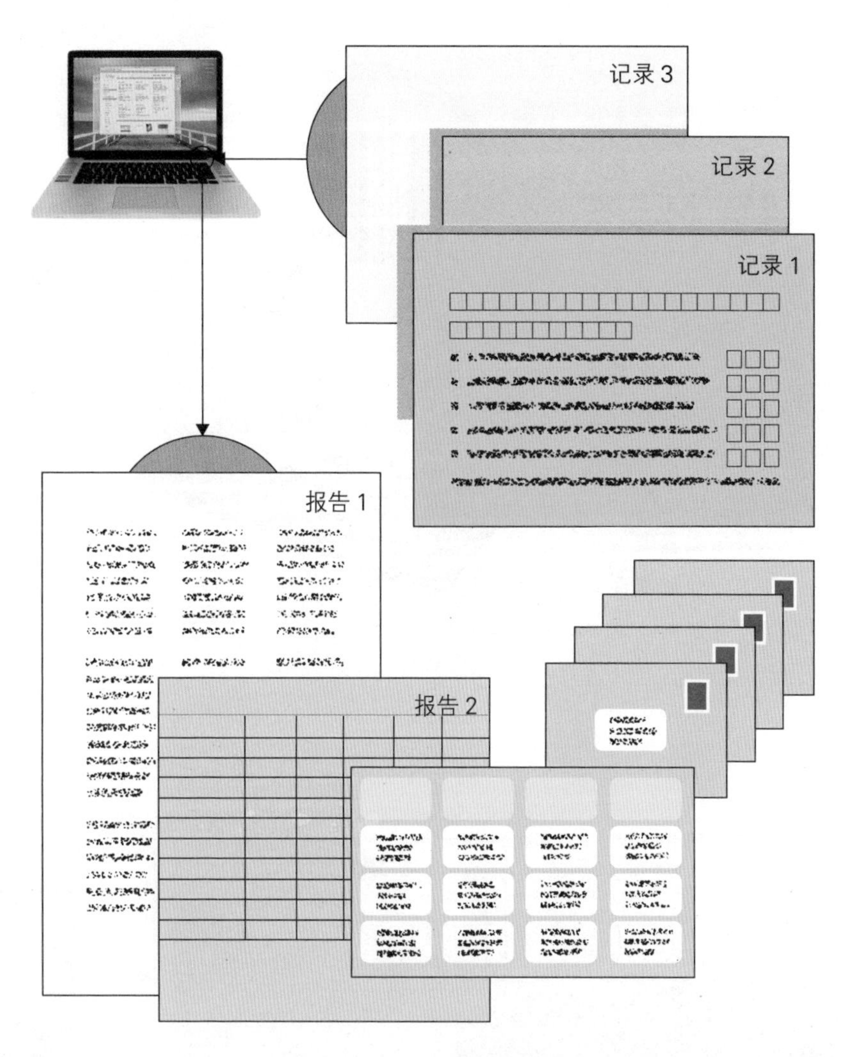

↑ 一个数据库中的每个表单都包含一定数量的行（记录），并且被划分为列（字段）。数据库中的每个项目都有一条对应的记录，这可以通过填充每一列来完成。如上图所示，记录也可以表示在表格上，字段被组织起来，以使数据易于输入。在图示的表单中，存在为每个客户准备的记录，字段包括姓名、电话号码和地址。一次查询指定了需要哪条记录，以及需要提取哪个字段。查询的结构是一份新的表单，记录了所找到的匹配指定标准的每条记录。一次查询也可能从多份不同的表单中提取数据。一份表单可以作为一份报告打印出来，它包含的记录按照字母顺序排序。

→↓收银员使用一个条形码读取器来辨识每种物品：一个数字和计算机（下图）上的索引数据库中的数字相匹配。该输入包括了一份表单，其中有产品号、描述和价格。计算机将产品描述和价格打印在账单上，并将价格加到顾客的动态消费总和上。它还可以保留一份销售信息，显示哪些物品销售状况良好，哪些很差，并且可以向仓储部门通报库存量走低的状态。

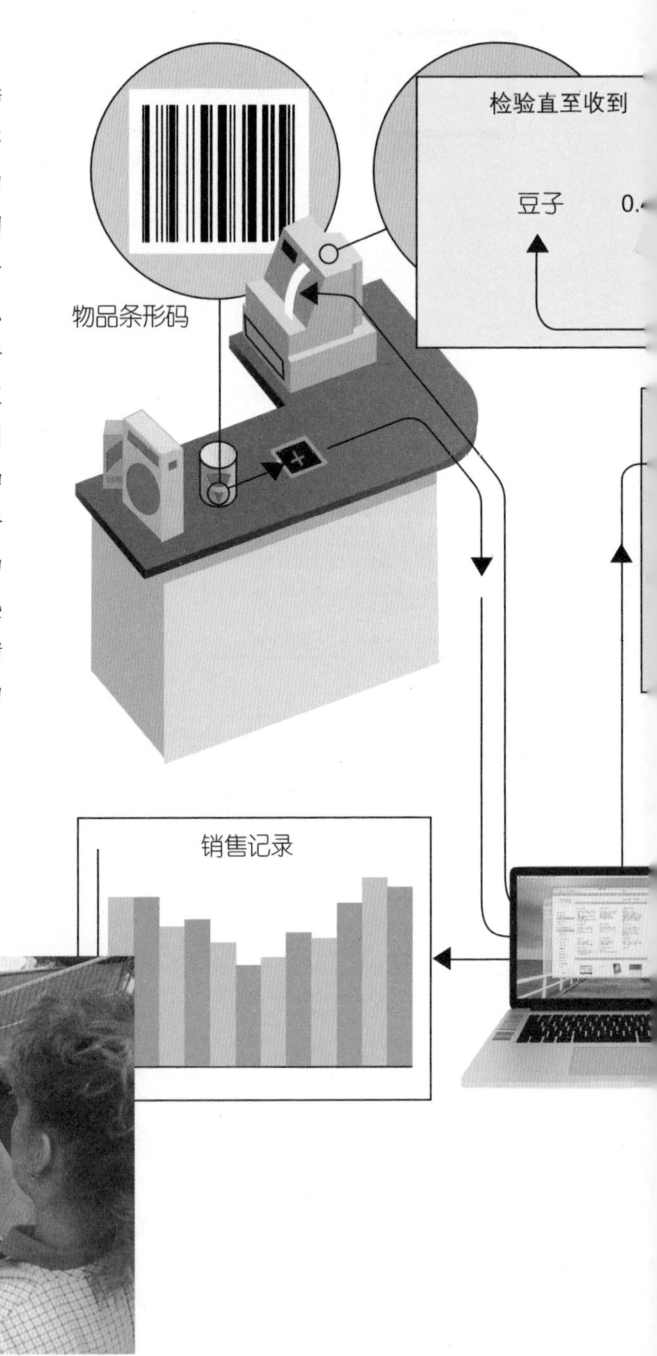

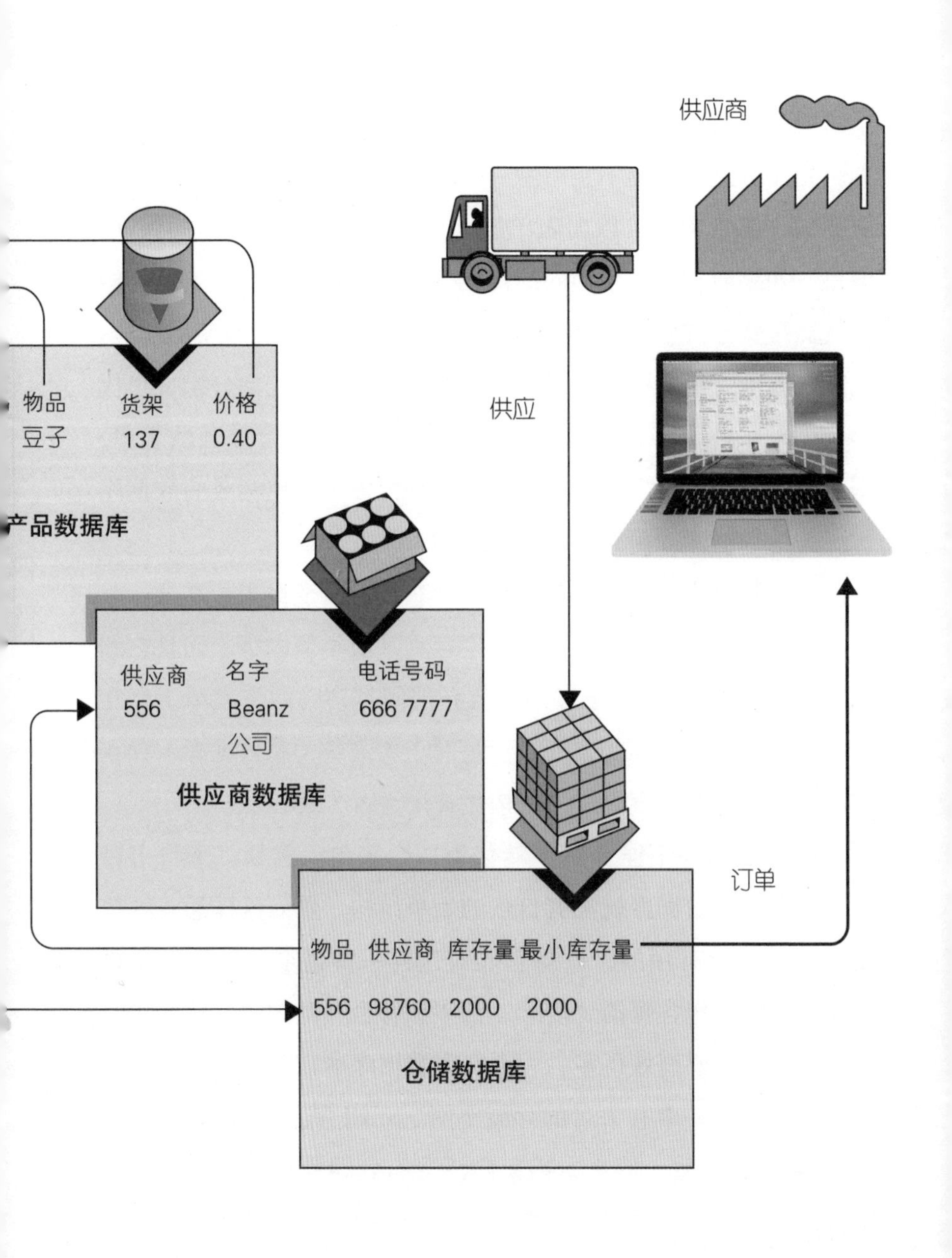

供应商
供应
物品 货架 价格
豆子 137 0.40
产品数据库
供应商 名字 电话号码
556 Beanz 公司 666 7777
供应商数据库
订单
物品 供应商 库存量 最小库存量
556 98760 2000 2000
仓储数据库

单的一部分进行计算。更复杂的查询可能包含了表单中的几列，例如，对于仓库经理而言，将所有库存水平低于最小值的记录列出是很有用的。

很多数据库需要不止单独一个表单。为了存储每种货物的供应商的详细资料，可以向表单加入一列用于存储供应商的地址。但是，如果商店从一个相同的供应商那里购入很多商品，这种做法就显得费力，而且还可能导致错误。如果该供应商改变了地址，就需要改动大量的记录。更好的做法是为每个供应商分配一个代码，记录每种库存商品的供应商代码，并建立一个单独的表单，用于存储每个供应商的所有细节。这种由多个表单构成的数据库称为关系数据库，而其中的表单就称为关系。

如果数据库中包含了多个表单，查询就会变得更加复杂。为了查询满足以下条件的货物——库存水平最小值以下，而且它的供应商距离商店 50 千米以内，就必须同时访问两个表单。存在多种方式来表达这样的查询，但是对于大多数关系数据库，存在一种标准的查询语言，称为结构化查询语言（SQL）。

某些数据并不能自然地转化为一个表单。例如，来自书籍的文本的一个数据库就没有自然的表单结构。然而这样的一种数据库还是非常有用的，只要它能对这样一种请求并按该顺序排列：找出所有包含短语“信念、希望和善良”的句子，这会比使用书籍的索引要高效得多。一个文本数据库通常叫作一个文本档案。文本档案要求有大量的存储空间。存储量达 6.5 亿个字符的 CD-ROM 的发明，使文本档案广泛分布到即使是那些有最小计算机系统的用户。这样就使得大词典、百科全书及其他藏书可以供人们随意搜索。

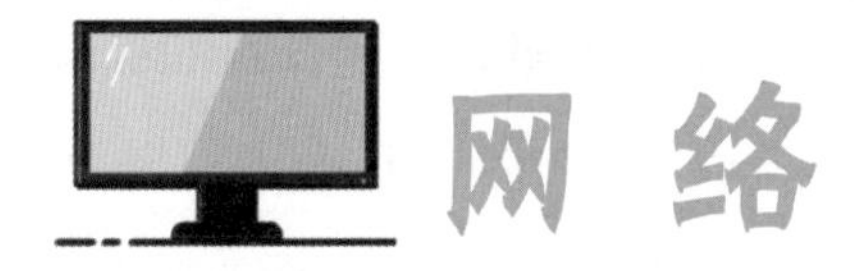

网络

尽管主计算机在一大群用户间提供了一种资源共享的有效方式，很多人仍然偏爱工作站，因为工作站价格低廉，容易使用，并且在需要的时候可以单独购买。如果工作站一起被接入网络，那么它们就可以和主机用户一样，有效地共享大部分资源。一个网络由一定数量的计算机之间的通信连接构成。一个物理连接，通过一根电缆连到每台计算机上，这样构成的网络限定到单个站点，被称为局域网（LAN）。这种网络的规模仅受到电缆最大长度的限制（大约 400 米），并且不需要过多考虑网络流量（数据沿着电缆传输）引发的阻塞和速度减缓问题。一个连接很多站点的网络称为广域网（WAN），它需要更加复杂的通信连接——也许会采用专用的电话线和卫星。

网络上的任何计算机可以向同一网络上的其他机器发送数据。在一个 PC 组成的网络中，每台 PC 有一块额外的网卡，网卡连接到一条串行电缆，这条电缆连接网络上的所有计算机。数据的传送方式依赖于网络的类型，而数据被赋予的含义则依赖于计算机上的操作系统。在最简单的级别上，一个网络允许一台本地计算机去操作另一台（远端的）计算机上的资源，如同远端计算机就在本地一样。例如，一台机器有一个打印机而另一台没有，那么没有打印机的那台机器就可以访问远端的打印机，就像这台打印机被插在后面一样。能以上述方式向其他机器提供打印服务的机器称为打印服务器，使用服务器的机器称为客户机。

一个网络还允许不同机器的用户共享文件。一种流行的机器设置是把管理核心文件的任务交给一台功能强大的计算机，这些

↘ 该页所示的各种网络——星形、环形和线形，适用于不同规模的网络。一个网络可能只有两到三个部分，也可能有几百个。在一个大型办公室或大学中的所有计算机可以连接成单个的以太网。然而，如果在数个站点上的一个组织想要将它的所有计算机连成网络，就会出现问题。在每幢建筑内都可以建立一个局域网（LAN），但是LAN技术并不适合于远距离通信。作为替代，这种局域网被连接到一起构成一个广域网（WAN）。两个网络由长距离数据线连接。

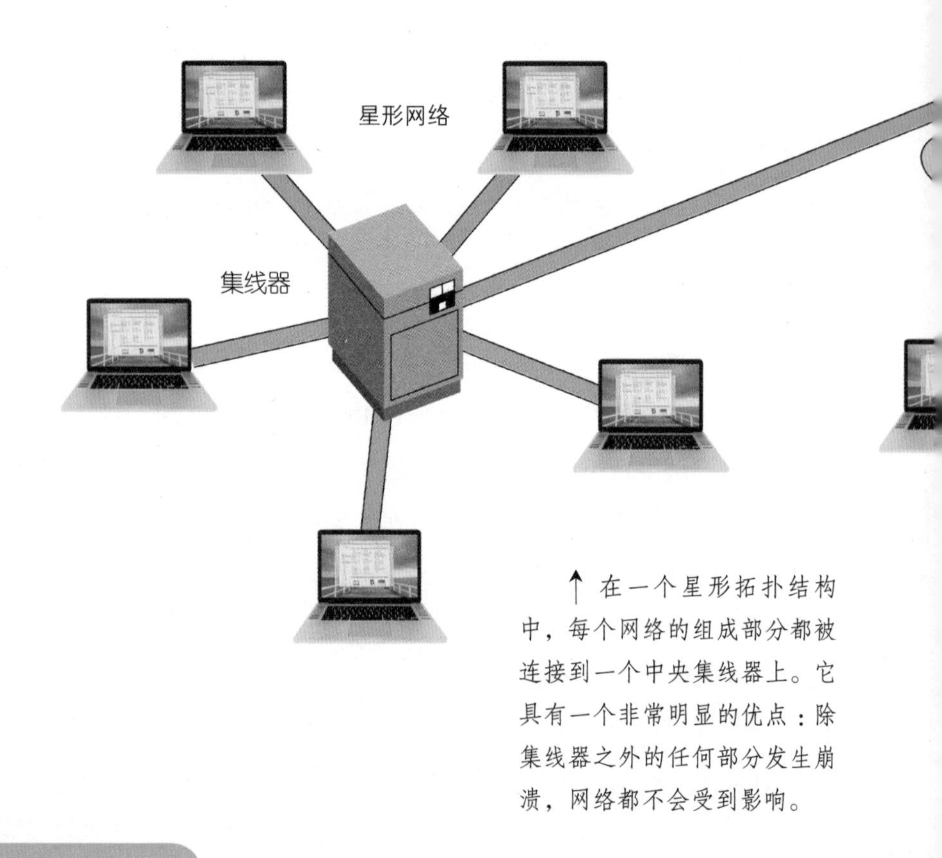

↑ 在一个星形拓扑结构中，每个网络的组成部分都被连接到一个中央集线器上。它具有一个非常明显的优点：除集线器之外的任何部分发生崩溃，网络都不会受到影响。

↓ 线形组织方式（中间）在以太网中十分常见。组织中的每个末端都需要有一个特殊的电阻器来终止，这个电阻器可以阻止信号在网络上传输得更远。这一模式不能循环，每台计算机都必须等待，直到总线空闲以发送消息，否则就会发生冲突。

↓ 在一个环形网络中，所有计算机连接形成个圆环。任何一台计算机都需要将消息放到公共连接电缆上，同时每台计算机都监视着这条电缆，搜寻发送给它的消息。如果两台计算机同时试图使用这个环形网络，就会有一系列的策略来决定处理方法。

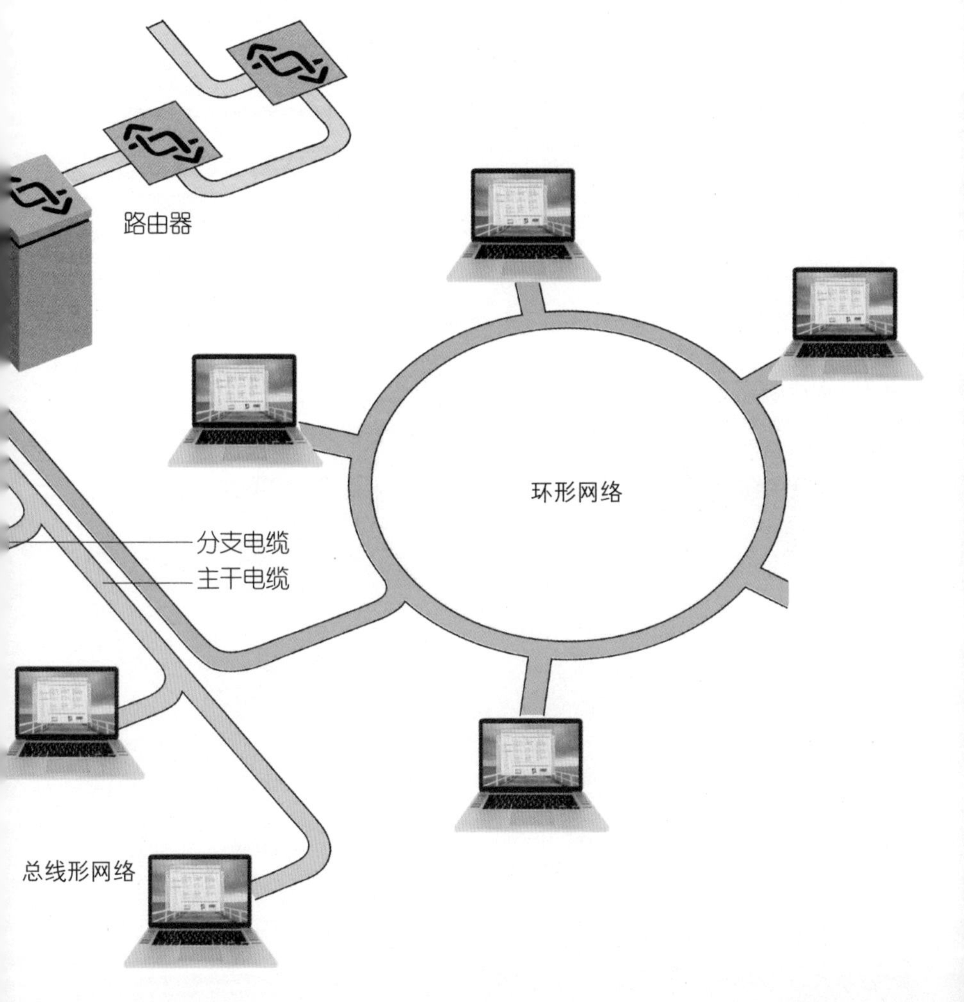

文件存储在一块巨大的硬盘上，这台机器称为文件服务器。将所有文件集中保存使其可以很容易地确保有复制备份。

互联网跨越全球，成为所有网络中最大的一个。几百万台 PC 和苹果机连接到互联网上——还包括大多数的大型计算机。它提供了电子邮件服务（E-mail），允许计算机访问万维网——提供几十亿个网页的信息。它还提供了进一步的可能——分布式计算机。计算机所有者（个人）允许别人使用他们的计算机——只要处于空闲状态。参与的计算机安装上必备的软件，可以一次次地下载数据。计算机空闲时会运行一个屏幕保护程序，同时按一个特定模式搜索数据。当处理完一批数据后，结果会被上传并下载新的一批数据。通过这种方式，网络就成了一台超级计算机——比最大的单台机器都庞大。

互联的计算机之间存在协议，以保证数据的准确传送和接收。互联网由各个不同的网络连接而成，利用各网络本地惯例进行数据传输，而互联网之间传输数据则使用网关机器。格式化互联网数据的规则包含在一个叫作 TCP/IP（传输控制协议 / 互联网协议）的协议中。

日常使用的
计算机
$15,200
Revenue
Creattime.com
25,458 Likes
Download

在工厂

在办公室，如果计算机键盘前没有人，那么计算机可能什么都做不了。但是在工厂，计算机可能作为自动化部件，并在没有人介入的情况下运行一个进程。这意味着计算机必须持续监控进程，并提供数据给系统管理者，或者直接响应数据并执行操作，以便自动调整程序。因此，这类计算机包含的输入和输出形式更适合与机器而不是与人交互。

诸如温度计、测速仪、计数器及其他仪器监视进程，并且向计算机提供数据作为输入。有两种基本途径可以让计算机检测到这种输入。如果连接的仪器能强迫计算机注意并处理它收集的数据，它就被认为是一个中断驱动输入。控制交通灯的电缆就是一个中断驱动输入到处理器的常见例子：当汽车开过电缆（埋在地下）时，控制信号灯的处理器就被触发，增加一个计数，并且决定是否变灯或者等待，让更多的汽车通过。

如果计算机周期性地检查来自一个设备的输入水平，该数据就被认为是轮询数据。一个例子是在公路上使用的一种设备，当能见度很差时，这种设备会自动接通限速信号——处理器每隔一定的时间会自动检查仪器的光度表。

在自动化过程中，计算机的输出控制着其他机器。它们能控制设备开关，或者改变设备的运行级别。操作机器的第一台计算机被称为实时系统，因为计算机和它所控制的进程同时运行。实时系统必须在固定的时间间隔内响应指令，否则系统将不再与其控制的机器同步，并且整个过程有可能失去控制。

早期，大多数计算机都是非交互地为用户执行任务（很多所谓的用户只是简单地将他们的数据提交给操作系统员，然后离开等待运行结果），每项任务完成后，才开始下一个。然而，假设一个控制程序用于核电站的危险检测，如果必须经历一个复杂耗时的计算任务才得出检测结果,那么就有可能导致灾难性的后果。

↘ 在纺织厂里，对于计算机控制的激光切割机而言，放置这个工具并没有控制织布的位置那么重要。切割机利用一束激光在完全正确的地方切割出一条线来，所需的形状经过数字化被输入计算机，同时可以迅速地对切割机重新编程来切割不同的图案。与此相反，改变一辆汽车的形状需要对机器人完全重新编程。

↑ 计算机通过收集并显示生产过程的信息来帮助操作员。传感器被安装在生产过程的关键点，很多难以直接接触。如果某个区域存在问题，就会被显示出来以引起操作员的注意，而计算机可以运行测试程序来确定是什么停止了工作。在很多工厂里，控制室已经变得和生产车间一样重要，而且工人越来越需要掌握正确操作这些设备的技术技能。

后来，系统被设计成允许实时任务有极高的优先级，必要时可以中断其他任务。现代的系统是交互式的，用户直接控制在什么时间运行哪个任务，所以不再需要单独的实时功能。

许多生产控制系统需要人的介入。在某些系统中，如发电站控制，计算机提交运作过程，工作人员必须确保这些运作的安全性。在其他一些系统中，操作人员提出一项操作，由计算机评估这一操作的合理性。计算机同样能让制造商直接获得商品供应。电子商务网（B2B）提供了指向大量的货物和服务的链接。

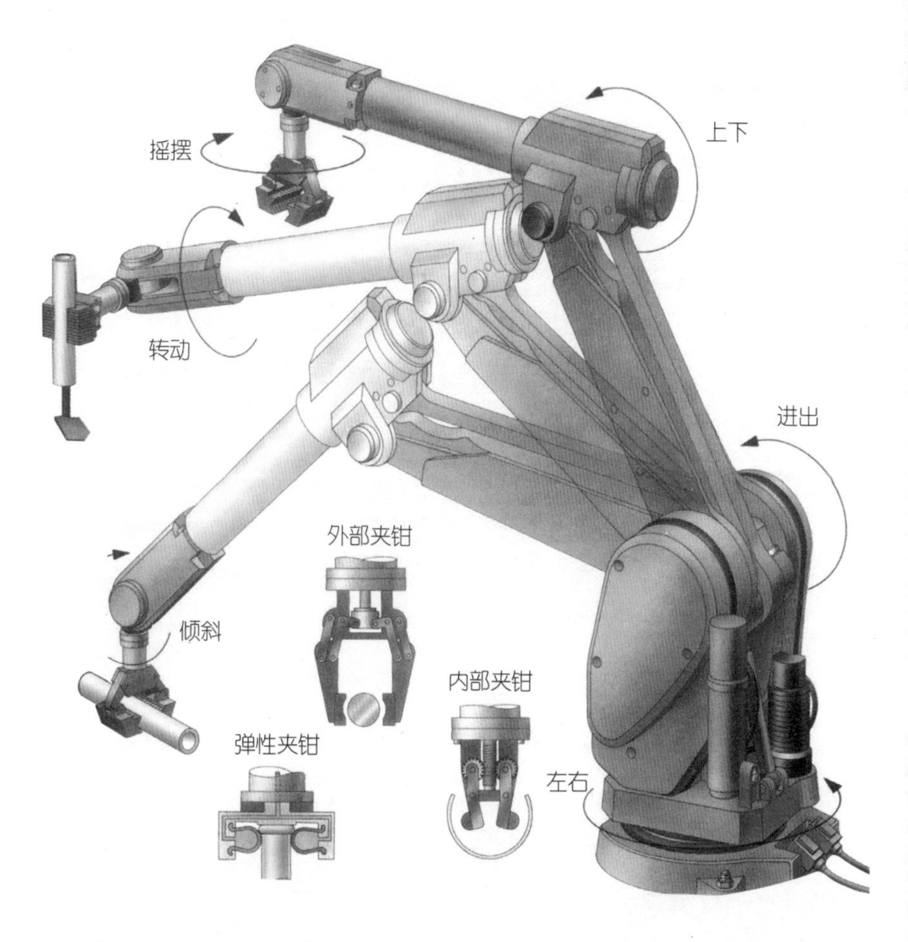

↑ 机器人是一种可编程机器，可以移动并执行机械任务。它们的臂必须备有很多移动轴，从而使机械臂可以像人的手臂一样工作。一旦这只臂被移动到正确的位置，它就可以操作多种工具中的一种。上图还展示了一系列的抓取工具，每一种适合于特定类型的物体。机器人还必须能够监视它们正在执行的任务，解释采集到的数据，以相应地调整自己的动作。在现代工厂中，机器人使得生产率得到大幅提高。

智能机器人

机器人已经在工厂里工作了很多年，它们在汽车工厂最为常见，在那里它们执行重复的任务，诸如喷漆或装配部件。它们和科幻小说中的人形机器人相差很远。工厂机器人通过连接到一个佩戴了传感器的工人被“训练”。当人类执行所需任务时，操作机器的计算机就会记录下他（或她）的动作。之后，机器人就重复这一动作序列。它看起来不像人类，而且没有智力。这样的机器人是老式的，现代机器人技术已经取得了长足的进步。

现在，你可以购买一个宠物机器人，称为“芭格茜”。“芭格茜”会在房间里四处移动、玩耍、唱歌，并且有高兴和烦闷的时候。它靠轮子移动，外形像一个站立起来大约 5 英寸高的甲虫。你可以对它进行编程。

业余的机器人爱好者能制造他们自己的机器人。乐高（LEGO）公司向市场上投放了一种机器人工具包，称为“乐高心灵风暴”。一个更加先进的机器人，称为“塞博特”，由《真实机器人》杂志以工具包的形式提供给机器人爱好者。订购者会收到一套零件，包含 40 个部件，只需要一把螺丝起子就可以装配这个设备。“塞博特”是一个小型的三个轮子的半球形机器人，由两个电池供电的马达驱动。它可以探测到光线，并采用超声侦测附近的物体。它可以沿直线行进，寻找或避开光亮，并且可以避免撞上其他物体。

“芭格茜”“乐高心灵风暴”“塞博特”都非常简单，但是在它们背后，存在着一个大的雄心勃勃的研究计划，那就是制造一个真正智能的机器人，具有和人类互动的能力。为了实现这一目标，

↓“流浪者”是一个在南极洲和智利的阿塔卡马沙漠测试的机器人，有可能用于对其他行星的探索。它是由卡耐基·梅隆大学野外机器人中心的雷德·惠塔克教授发明的。

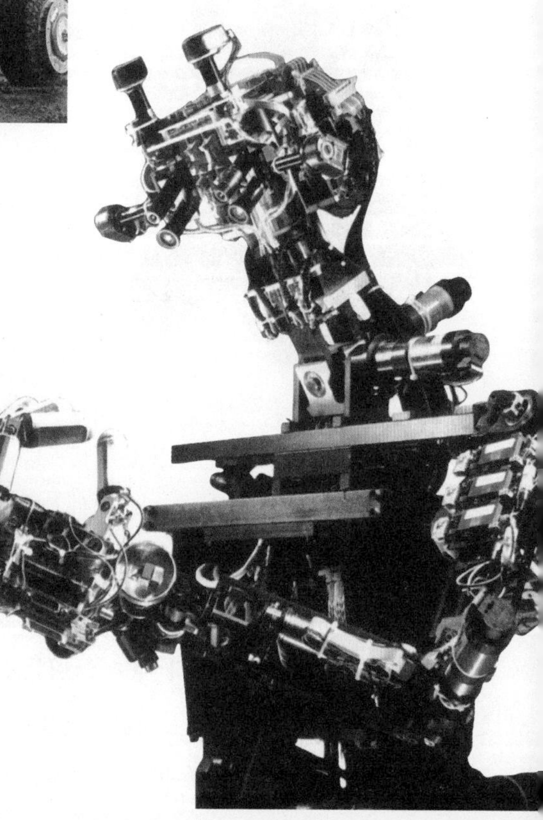

→“考格”可以查明声音的源头，以及利用视觉来引导它的手部移动。它可以感觉到它所握着的物体，因此可以调整抓取的方式。发明“考格”是为了研究在带有躯干的机器中怎样发展人工智能。

↙"艾丽卡"，乐高公司的一种75厘米高的机器人，由两块"心灵风暴"计算机控制（下部中间的黄色块），运行着乐高公司研发实验室编写的软件。"艾丽卡"可以四处移动，越过障碍物，并且它的脸部表情反映了它的情绪。

机器人必须具备某些类似于人类的特性。只有通过与人类互动，机器才有可能学会生存并与人类合作。

实现这一目标的一种方法就是使机器人的外形和移动都像一个人。这是本田公司在开发"阿西莫"时使用的方法。"阿西莫"是作为家用机器人来设计的，因此，它必须能够在房间里移动并不会撞上家具，而且可以上下楼梯。设计者们认为这个机器人必须用两腿走路，就像一个人。他们觉得这种方案是使机器人在屋里移动的最好方法，因为房子的设计者和适用对象都是两条腿的人类。"阿西莫"的最后版本看起来就像一个穿着太空服的宇航员。它有1.6米高，重130千克。它可以行走、上下楼梯、操作开关、对人的出现做出反应，并且它强壮到足够推动一辆汽车。

"阿西莫"没有脸，但是它可以四处移动。另一个机器人——

“考格”不能行走，但是它有脑袋、躯干，以及两只手臂和手掌。有两部摄像机分别安装在它两只眼睛里，用于感知单色双目视觉；还有两个小的麦克风，用于立体听觉，以及触摸传感器。通过陀螺仪及可以检测移动的装置，“考格”可以感知到自身的方位。它所有的传感系统都紧密连接。它可以转动头和躯干，操纵物体——并且它可以与人类互动。

“考格”住在麻省理工学院（MIT），它的兄弟——“克斯梅特”也住在那里。两个机器人都是研究工具，其目标是制造一个智能机器人的科学家发明。“克斯梅特”没有身体，但是有一张脸，而且是一张可以表达简单情绪的脸。这样就使得它可以告诉人们它是否需要更多或更少的感觉刺激。它可以转动眼睛去观察周围发生的事情，并且可以和人们进行眼神交流。“克斯梅特”还有眼睑，在它疲惫的时候会低垂下来。它有一对突尖的耳朵，可以竖起、旋转或向后；一对眉毛可以同时或单独扬起；嘴唇可以微笑或者在它皱眉的时候向下撇。当它生气或者沮丧的时候，它会皱起眉毛；当它惊讶

↑ 在麻省理工学院的人工智能实验室里，“克斯梅特”对研究员辛西娅·布雷泽尔的手势做出了反应。“克斯梅特”喜欢玩耍，而且如果没有人注意它，就会显得厌烦，但是太多的刺激也会使它变得烦躁而且疲惫。

的时候，它会扬起眉毛；当它悲伤的时候，眉毛会斜向下。“克斯梅特”还能移动它的下巴。

“克斯梅特”的每只眼睛都包含两个彩色摄像机，其中一个有广域视角，可以独立于头部进行移动；另一个为窄域视角，随头部移动。它的耳朵里安装了麦克风，但是人们也可以通过佩戴一个小的无线电麦克风与“克斯梅特”交流，数据通过一台有声音识别和语音处理软件的计算机传递给它。“克斯梅特”说话——听起来像一个小孩的声音，而且它的声音同样会泄露它的情绪状态。

如果人们忽视了“克斯梅特”，它就会变得“忧愁”，并且会主动找人和它玩耍。当某人做出回应，靠近“克斯梅特”并与它谈话，或者晃动一个玩具的时候，它就会振奋起来。然而，长时间玩同一个游戏就会使“克斯梅特”变得厌烦。如果它接收到太多刺激，它就会变得疲惫并最终进入睡眠状态。

智能机器人可直接应用。作为机器，它们可以在人类无法忍受的环境下执行操作——例如，在遥远的南极洲满是岩石的荒原上，甚至在其他行星上。机器人“流浪者”就是被开发出来在这样的环境中使用的。“流浪者”由卡耐基·梅隆大学的研究人员设计制造，大小和一辆家庭轿车相当，以每秒 0.5 米的速度移动，使用一个数字摄像机来扫描岩石以搜索陨石。它寻找烧焦表面的迹象或者空气动力学形状，当找到一块可能的岩石，就使用一个反射分光计来分析这块岩石的成分，用一个金属探测器来确定其是否含铁，然后它会判定这块岩石是否来自地球之外。一旦技术成熟，像“流浪者”这样的机器人就可以用于探测其他行星、小行星及彗星。

在设计工作室

先进的制图技术被应用于计算机辅助设计（CAD），在工程、建筑、工业和化学等领域辅助绘图设计。

在工程生产中，物体一系列剖面图被设计出来，由设计者和输入数据创制生成。一个绘图软件包可以满足建立这样一个电子模型的全部要求，这个模型最初产生时为线型（线条框架）图，然后进行填充和上色。用于 CAD 的专用终端通常可以显示三维物体，并且可以利用键盘上的控制使它迅速在任意方向上旋转。任何运行一个 CAD 程序的计算机必须有一个大的内存和存储能力，以及一台高分辨率的显示器，可以在上面看见图像，还需要一块强大的处理器，有时要用到并行系统。

计算机不仅能生成和显示图画，还可以用于确保其绘制的部件能够按照设计要求的方式正常运行。例如，输入每个部件的强度数据，物体就可以接受其内部的应力和张力的测试，所有这些都在计算机上进行模拟。对一辆运动中的汽车周围的气流进行研究，以使空气阻力降到最小；或者研究穿过一座建筑的气流，使得建筑师可以评估房子的通风状况和火灾危险等级。虚拟现实软件允许设计师或客户体验进入物体内部并从任意角度观察的感受。

与 CAD 紧密相关的是计算机的制图应用。工程设计是关于生成新的物体；制图是为已经存在的物体或现象创建一个视觉表达。随着计算机为科学家提供越来越多的关于世界的信息，计算机生成的地图改变了世界视觉化呈现的方式。这样的例子包括：深空星系的分布图、洋底地图，以及人体中的每个细胞的基因图谱。

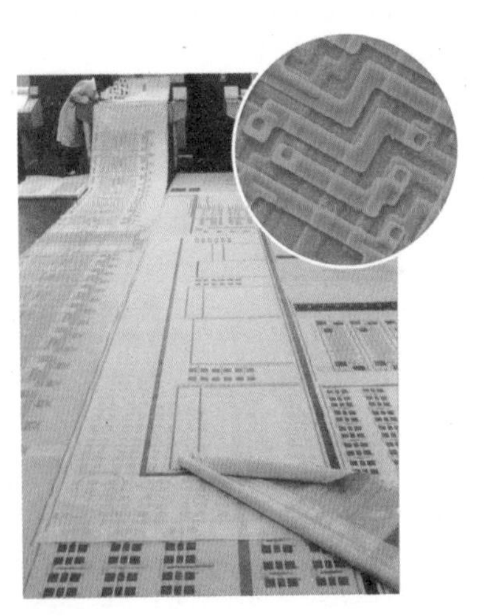

↑高速ULSI（超大规模集成）微处理器芯片INSET的设计图纸的一部分，计算机绘制的设计图被打印出来，用于检验是否有缺陷或错误。当设计被检验通过之后，打印出来的图纸就通过几个步骤缩小为原来的1/2000，制作最后的印刷屏蔽图，芯片就通过它来生产。

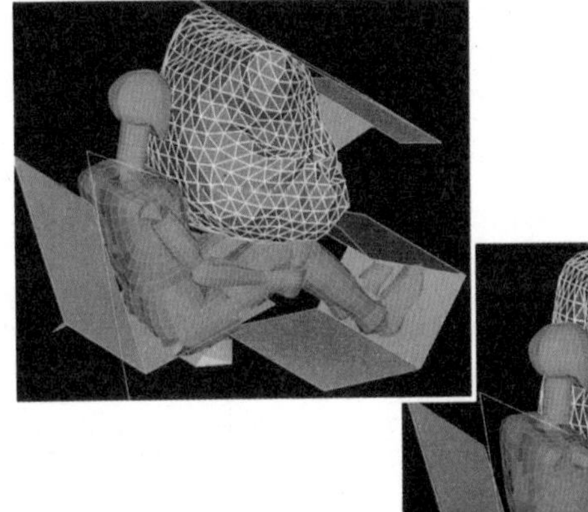

↑→汽车工业的安全性测试在以前是通过建立一个模型，将假人乘客放到里面去经历一场车祸来完成的。现在驾驶员和乘客的躯体可以在测试软件上模拟出来。这里测试了三种规格的安全气囊。气囊的精细建模精确显示每次充气膨胀时，身体的哪一部分可以得到最好的保护，以及哪一部分仍然暴露在外。这种冲击能逐刻地被研究，而不需要一场车祸的视频序列。

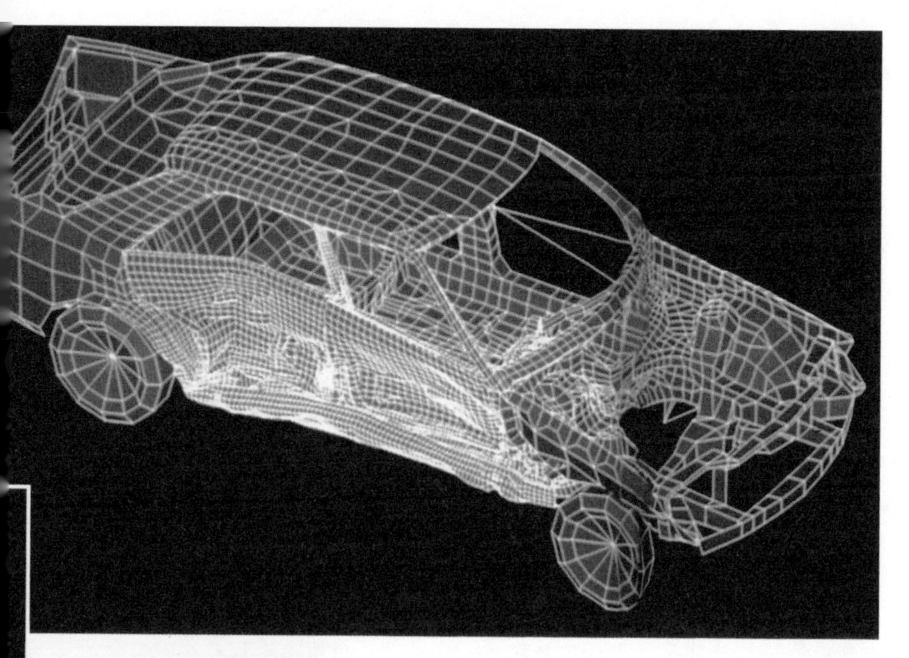

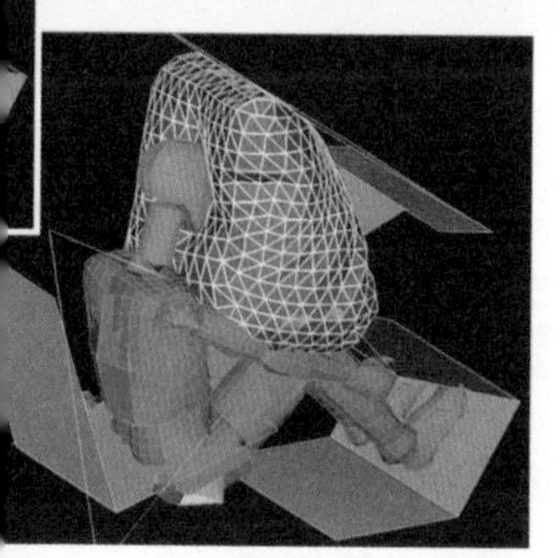

↑汽车及其他交通工具的新模型在制造之前，需要用计算机进行安全性测试，从而节省投入到设计上的开支，也使驾驶员和乘客更有安全保障。这是一次撞车模拟，模型的一侧被撞坏了。计算机可以计算出有多少冲击力被吸收到汽车中，并对设计做相应的改进，以达到强化的目的。

通过忽略数据的某些方面并将注意力集中到另一些方面（图像的计算机强化），图示本身也可能通向更深入的科学知识。即使是在地图绘制领域，计算机也可以充分地增加人们的知识。例如，关于伦敦地铁中空气流动的计算机模型可以用来分析地铁系统产生火灾的原因。

计算机还可以实现设计过程的部分自动化。一个重要的应

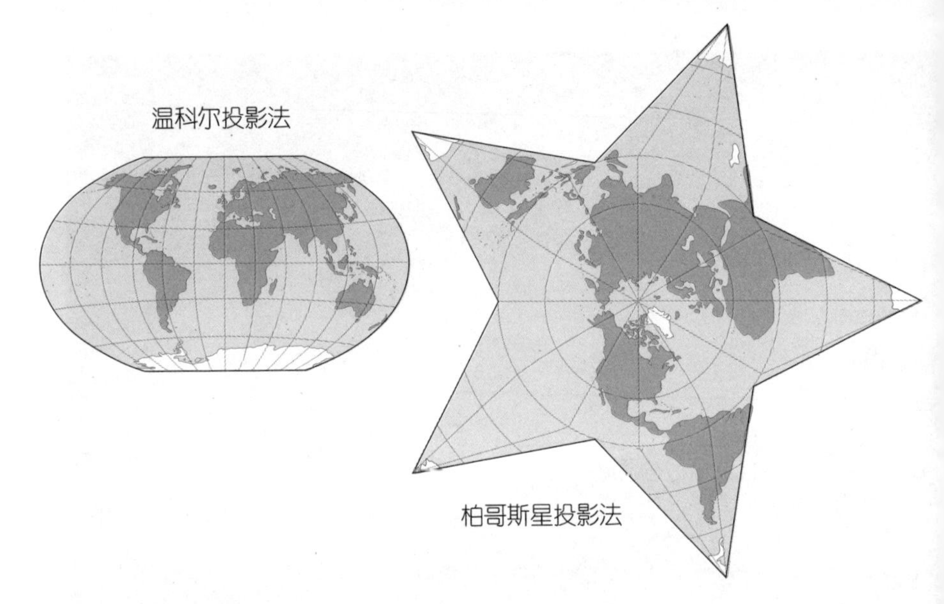

↑所有种类的地图制作都因为计算机而得到革命化的发展。地图制作者可以创建数字化信息的一个数据库。选定了合适的地图投影法和比例，以及区分关键信息的颜色，计算机就可以绘制一幅地图。通过改变投影法（在这个例子中，从一种世界地图的标准投影法到一种两极投影法）可以显示不同的特性。通过颜色选择或者在特定的数据范围内强调细微的变化，信息层可以被忽略或增强，使人们将注意力集中到特定的特征上。科学“地图”，如天文照片或者地球资源卫星所拍摄的地球图像都通过这种方式被增强。

用是硅芯片的设计，这也是现代计算机自身的核心所在。一块芯片的一个微小区域包含成千上万个部件。连接所有这些部件需要在芯片表面绘制复杂的金属路线。芯片被设计为几层，所以，如果两条线路需要交叉，其中一条就被置于有空闲空间的层上，并从另一线路的底下穿过。设计芯片需要知道需要哪些电路元件，但是，手动安排每个元件并添加连接是一个费时费力的过程。计算机设计可以生成工作性能最优的连接集合，并在“需要板层数最少”和“可能的数据路径最短”这两个要求之间做出平衡。

人体内的计算机

人类的心脏是一个泵，它依赖于电脉冲使其肌肉收缩。这些脉冲起始于右心房（4 个心腔中的一个），然后传递到其他心腔。我们的生命依赖于这些脉冲的规则性律动。如果节奏被打乱，心肌收缩就会变得混乱，这种状况叫作心律不齐——通常是致命的；如果脉冲节奏变慢，心跳也会变得缓慢，这种状况叫作心搏徐缓。

心律不齐和某些类型的心搏徐缓可以通过一种设备监视心跳，并且当它监测到心跳节奏不规则或者变慢，就会发送一个电脉冲进行控制，从而恢复正常搏动。这种设备叫作心脏起搏器，它带有一个插入心肌的电极，一根电线将电极连接到一个电子设备上，该设备由一块电池供电，监视心脏并在需要的时候产生脉冲。心脏起搏器被植入到皮肤下胸腔壁内部，通常在左肩下面。

人们通常认为计算机是一种大的物体，被放在桌上或者像一个公文包一样提在手里，但起搏器是一个非常简单的计算机，而且极小。许多年前，起搏器由一个美国外科医生——克拉伦斯·沃尔顿·李拉海发明，它的成功证明了植入电子设备可以在多大程度上帮助那些有严重病症的人。

其他的植入设备也随后产生。几乎完全丧失听力的人可以进行耳蜗植入。耳蜗是内耳的一部分，在那里，微小的茸毛细胞将声波转化为电脉冲，沿着听觉神经传递到大脑。那些丧失了部分

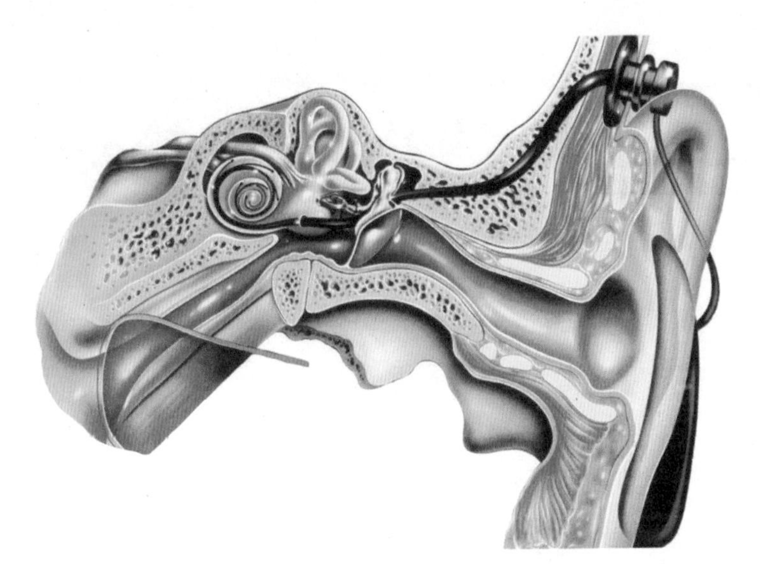

↑ 人工耳蜗是一种电子装置，由体外言语处理器将声音转换为一定编码形式的电信号，通过植入体内的电极系统刺激听神经以恢复或重建聋人的听觉功能。

或全部茸毛细胞的人听力就会受损。植入设备代替了这些细胞的角色。它从一个佩戴在体外的处理器那里接收声音信号，并将其转化为电子信号，沿着听觉神经进行传输。

类似的设备被植入人体，以帮助进行膀胱控制等。而最引人注目的是，这类设备为失明人士提供了一定程度的视觉。现在已经可以为视网膜安装一个电子替代品，也就是一个视网膜植入设备，它可以通过刺激视觉神经对光做出反应。甚至有可能为人们植入一个完全的人造眼，目前人造眼还不够成熟，但是已经足够帮助佩戴者在陌生环境中安全行走。这个系统包括一个微型电视摄像机，安装在太阳镜的一块镜片上；一个超声波传感器，安装在另一块镜片上；一部便携计算机，连接到眼镜上并固定在肩部背带上；还有 68 个铂电极，从计算机引出，穿过颅骨，进入大脑。摄像机生成影像，而超声传感器测量人到物体的距离。佩戴者不会看到一个正常人所能看见的情景，而是看到由 100 个光点构成的物体边缘。

这种足够微小、能够以上述方式携带的计算机极大地扩展了计算机的用途。手机已经合并了个人功能，并提供了对互联网的有限访问。但是这些仅仅只是开始。计算机可以连接到人们身上佩戴的物品上，如眼镜或隐形眼镜，或者其本身可以安装到我们的衣服里。配备了无线电，一个智能软件代理——用于搜索和分类信息，一个眼镜上的显示器——可佩戴计算机会

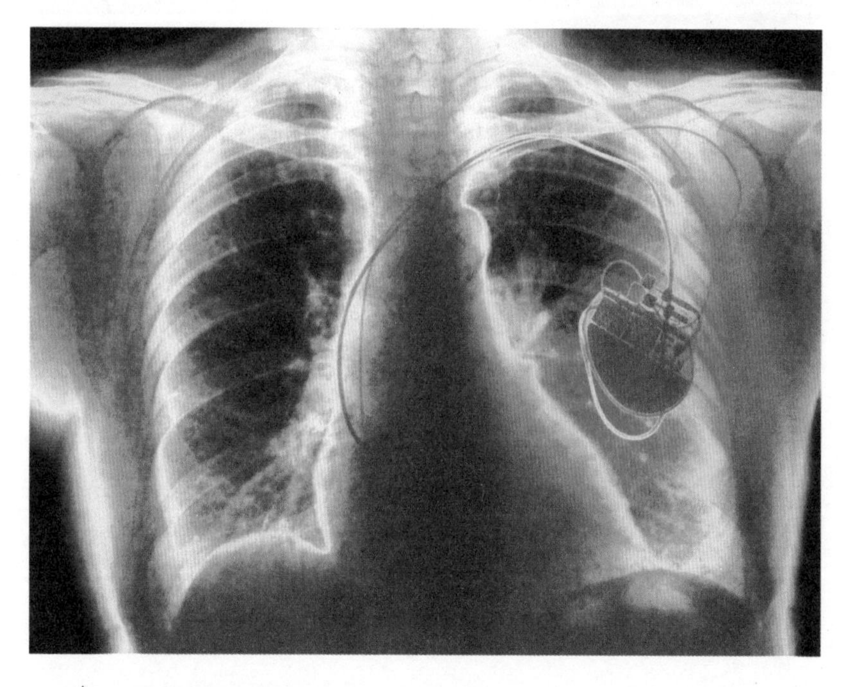

↑ 这张 X 射线图显示了一个心脏起搏器（右边的红色物体）。来自起搏器的导线携带电脉冲，电脉冲可以保持心跳规则。

使人们与周围世界交互的方式发生革命性的变化。

这种计算机可以提供一种有用的提醒功能。在超级市场的一个扫视可能导致一个标题信息出现，提醒佩戴者去购买那些家里用完的物品。一个电影院可能触发计算机显示佩戴者可能爱看的电影（由代理选定），这些电影可能在城里的其他电影院放映。几乎每座建筑、每个街道标志，都可以传达附加信息，但是佩戴者必须在任何时候都保持控制，只会看到其想看到的东西。

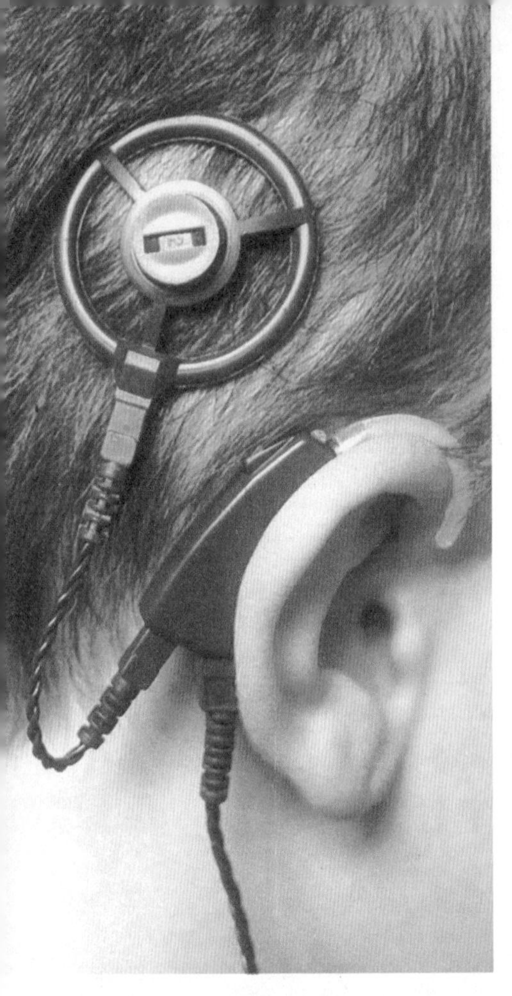

↑一名10岁女孩的头部照片——安装了一块耳蜗植入设备。耳朵后面的一个麦克风被连接到耳朵上面的发报器上。皮肤下面的一个接收器通过电磁方式连接到发报器上。信号从接收器传递到耳蜗中，再从那里传入大脑。麦克风下面的导线连接到一个声音处理器。

交流甚至可以变得更加亲密。当两个佩戴计算机的人进行电话通话时，他们的眼镜就会扫描他们的视网膜，向对方传送自己所见到的东西。研究人员正在努力发展这一技术，它有可能实现眼睛对所见事物的永久性记录。

一旦我们开始在皮肤下植入这样的设备，我们就变得接近于科幻小说中的“电子人”——人类与机器的紧密结合体。这一方向的第一个实验步骤已经完成，首先在猫和猴子身上进行尝试，然后是在人身上：凯文·沃里克——英国雷丁大学的控制论教授。

2002年3月14日，一个微型电极阵列通过外科手术插入到沃里克教授手腕处的神经上。这个阵列包含100个电极，每个电极都和一根神经纤维接触。线路从阵列上引出，在皮肤下沿着手臂向上延伸12厘米，最后穿过一个皮肤小孔出来。这些线路被连接到一个无线电收发器上，该收发器可以和一台计算机通信。这样，中央神经被有效地连接到一台计算机上了。这台计算机可以记录神经信号，表达手和手指的动作及诸如疼痛等感觉。最终，这一技术对于那些遭受脊髓损伤的人来说将大有裨益。它可以用于恢复瘫痪人士的某些手部动作，使其有可能握住一个杯子或拿住刀叉。

沃里克教授有继续探索的雄心。他希望有一天将一个超声传感器连接到他的身体上，这个传感器就像那些帮助机器人移动及安装到电子眼上的传感器一样。在未来数年，计算机可能会完全消失，因为它们都被集成到我们的衣服和身体上了。

远程通信

在 20 世纪 90 年代，大多数电话仍然在发送机和交换机之间使用模拟连接，然而，在交换机那里，信号被数字化了。数字数据沿着长途线路传送，在交换机那里转化回模拟信号，以便于将信号传送到接收电话机。

数字传输有以下优点：采样错误非常小，被采样信号在传输过程中不发生错误。数字传输不需要连续的信号，而且传输速度要比模拟信号快很多。当然，将信号发送到被叫电话不可能快于直接把声音播放给听者，但是数字传输允许很多呼叫同时使用同一条线路。光纤通信允许数据以光脉冲的形式进行传送，光脉冲由一个激光器产生，通过全内反射，数据可以沿着一条纤细的玻璃管子传送，在一条单独的线路上同时携载几千路的通话。这些数据在接收端的交换机中并不会混乱，每个独立的呼叫被重新转化为模拟信号并传送到目的地。

一个更好的电话网络将会允许在主叫和被叫处的数据数字化，从而避免模拟阶段的局限性。它将需要巨额投资用于建立数字设备，作为现有电话的替代。然而，综合业务数字网（ISDN）正在逐渐普及，它允许用户直接访问一个国际化的数字网络。它将传统的电话技术和数据网络结合在一起，并允许声音、数据和视频信息在单个的系统上进行传输。用户不需要使用调制解调器将二进制数据转化为声音，而是用一个特殊的电话将声音转化为二进制数据。这样就允许数据传输更快，并在更宽的带宽上传输。这使得通过电话传送高质量的图片成为可能，连同电话机的视频传输，从而建立起两路视频电话连接。

↑人们采用数字电话交换机来处理新型远程通信所需的复杂转换。这些交换机具有缓冲内存，可以存储传输过程中每次呼叫的信号。在每个八千分之一秒中，每路呼叫的时间段都可以和其他 127 路呼叫构成序列并被传输。

电缆调制解调器使用电视电缆而不是电话线，这样就提供了更快的传输速度。而所有线路中速度最快的是企业租借的特殊电话线路，该线路由 24 路独立的线路组成，每一路都可以用于数据传输。

蜂窝式便携电话（移动电话）依赖于一个遍布全国的收发站网络，每个收发站都覆盖一个地理区域，称为蜂窝。在一次单独的呼叫过程中，一辆汽车或一列火车上的移动电话可能从一个基站的蜂窝移动到另一个。移动电话可以发送文本和语音信息，而那些配备了 WAP（无线应用协议）的手机还可以发送和接收电子邮件，并能对互联网进行有限的访问。

→模拟信号被采样之后，能够以数字形式进行传输，速度是原来的几百倍。这意味着很多呼叫都可以沿着一条线路同时发送出去(多路复用)。在交换机那里，信号被分割为“包”，而这些“包”被交错穿插。单独的呼叫在接收交换机处重新汇集起来，并且重新组成模拟信号，以传送到接收者的电话听筒。

→在20世纪70年代和80年代，电话系统的铜线广泛地为光纤所取代。一个光脉冲信号由激光生成，并通过全内反射沿着光纤发送出去。几千路对话可以同时沿着一条光纤发送，在100千米的传输距离内无须放大。

↘普通语音电话、传真机或调制解调器和本地交换机之间的连接通常包含了模拟信号。每路模拟信号都需要一条独立的线。信号在交换机处的数字化使得很多路呼叫都可以沿着一条主干线路发送出去。

包汇集器

模拟信号

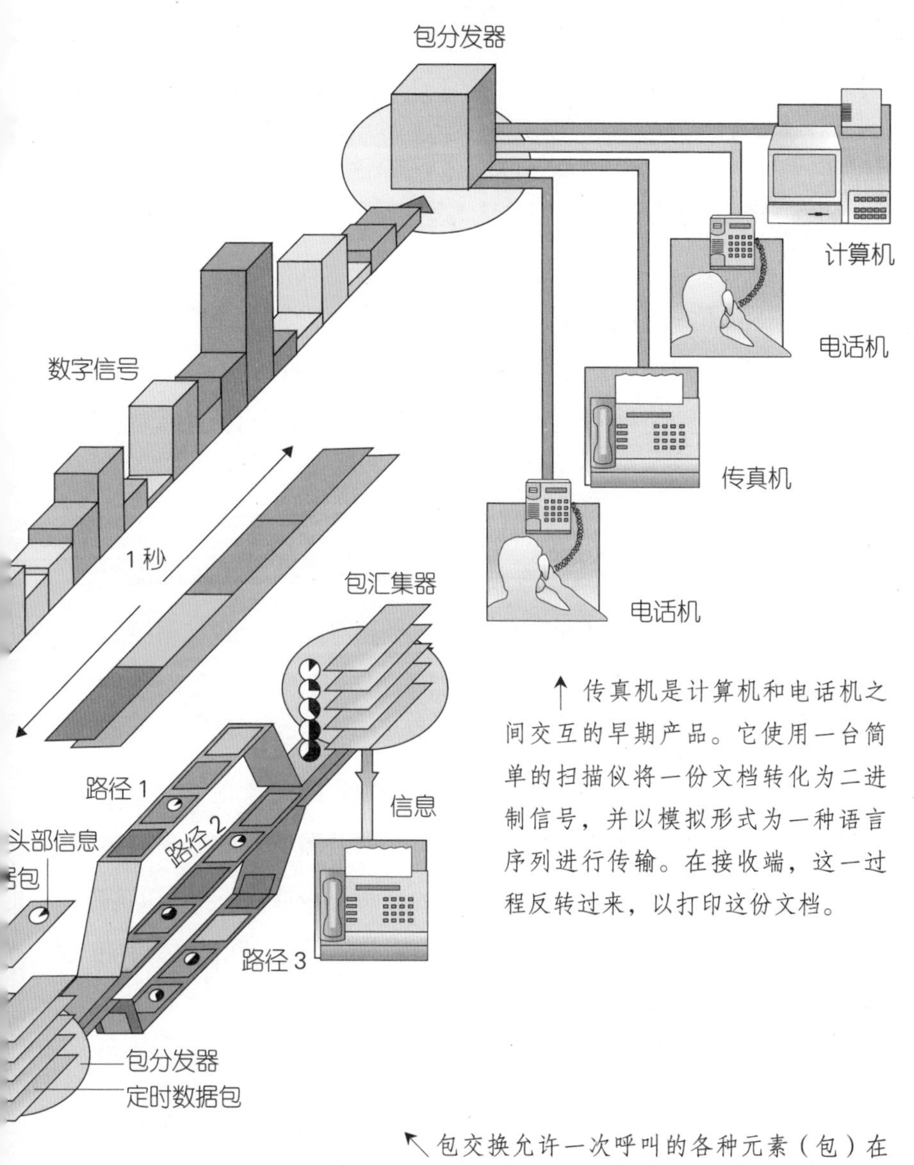

↑ 传真机是计算机和电话机之间交互的早期产品。它使用一台简单的扫描仪将一份文档转化为二进制信号，并以模拟形式为一种语言序列进行传输。在接收端，这一过程反转过来，以打印这份文档。

↖ 包交换允许一次呼叫的各种元素（包）在路径之间高效切换——无论通过地线还是微波链路。每个数据包被赋予一个头信息，用来标识呼叫、目的地及它在序列中的位置。

建模预报

预报可作为一门科学，也可作为一项大的猜测工作。有两种途径通向科学方法，第一种途径是基于对过去的了解推断未来，第二种途径是通过将已知物理定律的效应应用于数据预测未来。

当一个生态学家预测一个特定的物种也许会在几年内灭绝时，他是根据该物种的已知种群数量发展趋势来推断的。预测的准确与否取决于建立这一预测的统计数据的优劣——假设条件（如食物的供给）不会改变。然而，当一个科学家预测下一世纪的温室气体对于全球变暖的影响时，这一预测则要依赖一个理论模型，包括大气中可能发生的化学反应，以及温室气体分子对各种波长的辐射的物理吸收。这个预测的准确与否取决于涉及的物理和化学理论模型——尽管它还需要未来几十年里温室气体可能的排放量的精确数据。

类似地,利用计算机预测天气依赖于建立大量的冷热空气（和干湿空气）如何相互作用，以及海陆温度、季节等因素如何影响这种相互作用的一个模型。一旦完成了这一步，就可以采集某一地区上空的大气现象的细节数据。然后，计算机模型将会完成空气变化的预测。

然而，我们不可能以完全的精度测量必要的参数，也不可能建立一个影响天气的所有因素的完美模型。我们尽量将模型简单

↑ 一名全球气候建模的研究员在一台工作站上工作。这台工作站连接到一台强大的主机上，一个屏幕显示了来自计算机的数据。另一个是一台图形监视器，用红色显示全球变暖。

化，目的是应付数据和变量或者未知因素的复杂性。

基于计算机的预测要求有强大的处理能力。有一段时间，计算机可以非常准确地预测天气，但是运行速度却要慢于天气变化本身。利用数学模型预测天气的尝试最早是由一个英国科学家刘易斯·理查森在 1922 年完成的，当时他预测第二天的天气需要 64000 人花费 24 个小时进行计算。到了 1950 年，一台美国军方计算机能够在 24 小时之内完成未来 24 小时的预测计算。超级计算机使得真正的天气预测成为可能，但即使是这些计算机，工作也相对较慢：20 世纪 80 年代晚期，位于科罗拉多州博尔德市的大气研究国家中心使用了 Cray-1 超级计算机用于天气预测，这台计算机模拟单独一天的全国天气状况需要 110 秒逐点逐小时地进行。

↑ 1985 年 9 月，“格洛丽亚”飓风袭击了美国的东北部海岸，造成了几百万美元的损失。在这些破坏性风暴发展的时候，对其进行预测和跟踪可使气象部门对它们的行进路线上的地区提前发出警告。在上图中，“同步环境实用”卫星上的红外照相机拍摄了飓风“雨果”的照片，该飓风袭击了美国的东南海岸，风速达到 260 千米 / 小时。计算机可以分析这张照片，提供风暴的大小及它的速度。

总体的气候条件的预测更加复杂。第一个全球气候的流通模型要追溯到 20 世纪 60 年代早期，它们采用相同的物理方程组来表示各种不同的气候因素之间的相互作用。这些因素被叠加到实际的地理区域、大气的九个层级及海洋的四个层级上。这些模型必须考虑随时间流逝发生的变化，包括即时和长远的变化：大气中的热量交换依小时变化，而洋底的温度只有经历几个世纪才会有所改变。

↓一片大陆的天气非常复杂，利用物理规律计算它的行为是一项庞大的任务。这个地区的大气被分割为一定数量的三维方块区域，在这些区域中进行气象条件（温度、风速和风向、湿度）的测量。天气模型可以在一系列的时间段里预测这些区域中的特定条件影响其他区域的方式。运算量是极其巨大的，而预测的质量依赖于精确的测量及构建优良的模型。

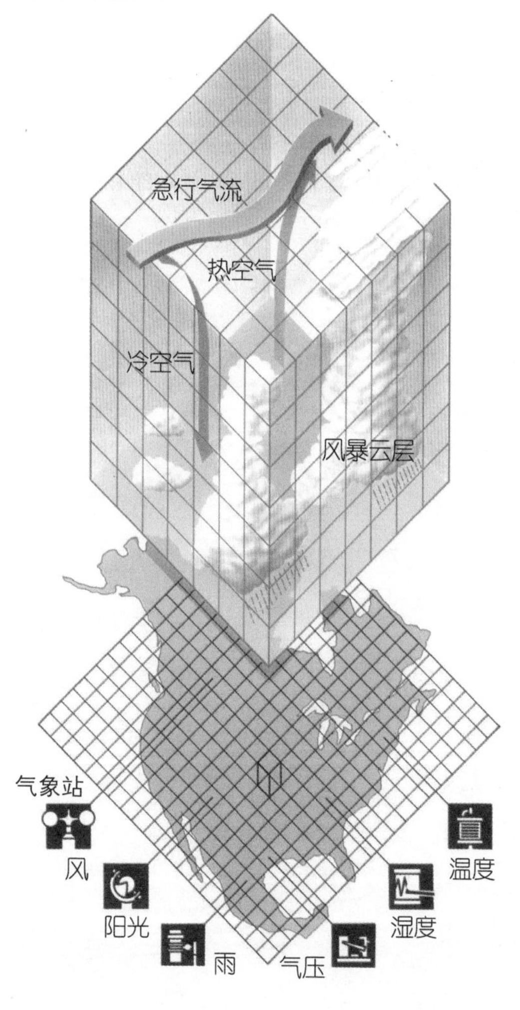

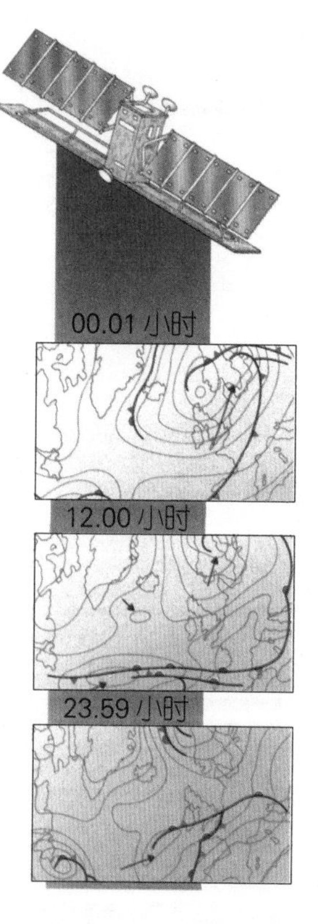

↑短期的天气预报可以预测已经形成的天气系统的运动。如果在大西洋中部上空有一股风暴以特定的速度向东移动，那么它到达欧洲西海岸是基本可以预测的。然而，它和这一地区已经存在的天气系统之间会互相影响，而影响的方式并不能被直接地预测出来，因此，就需要基于地面和卫星的监测系统。

趋势预测

很多对于未来的预测是在没有绝对的法则指出元素之间相互作用的领域做出的，这些领域包括经济和商业这样的重要领域。然而，在这些领域，我们也可以采用计算机辅助预测。

政府和国家银行会试图调节未来 12 个月或更加超前的经济状况，这就需要关于金融和经济活动的极精细的模型，包括诸如利率的变化带来的影响，或者兑换率的变化对整体经济的影响。在世界范围内的股票市场上，越来越多的交易由计算机来操作。众所周知，经济学是一门不精确的科学，而用于预测货币供应、通货膨胀和股价变动的程序并不会去寻求建立一个理论上互动的细节模型——这些程序预测趋势。

假设最近有一个研究试图去帮助商人最大化他们产品的市场，这次研究将注意力集中到鞋子制造商身上，他们需要关于广告支出的建议。没有公认的方程组可以告诉我们，消费者会怎样花费他们的金钱，因此有必要依靠那些精心收集的关于以往趋势的统计数据。在前两年里，用于广告的支出较高，销售量也相对较高；而在接下来的一年里，几乎没有广告支出，销售量也较低。然而，在之前的两年中，天气很差，失业率也很低；而接下来的一年中，天气较好，失业率也显著地升高了。那么，高销售量到底因为是广告支出的结果，还是因为坏天气或者高就业率呢？

↘在德国联邦银行内部，计算机利用宏观经济模型来显示今后几个月或几年的国民生产总值、通货膨胀和就业率的趋势。银行分析家用它们来预测计划实施的经济政策变动所产生的影响。

为了回答上述问题，就要搜集过去几年中关于销售量、广告、失业率及天气的数据。有了这些数据，统计技术中的回归分析就可以找到最好的规则，用于预测每个因素对于结果的影响。然后，制造商就可以预测鞋子的销售量可能会增加多少：假设给定了广告支出，而且天气和失业率没有发生变化。这一理论并不需要去深究广告促进人们购买鞋子的原因，只是假设未来会和过去相似。

股票市场是一个大型的高速流通的市场，因而，运用回归分析的方法去建立预测股价的程序就必须小心谨慎。有很多因素可能影响股价，忽略了其中一个因素就有可能使整个模型完全崩溃。只要所有影响股价的因素都已经被包括进来，就不需要去分析股价升降的原因。一个附加的因素是，人们购买股票通常是为了再次卖出以获得利润，因此，其他商人关于股票的想法也必须作为一个因素考虑在内。

如果一个股票预测系统注意到其他所有人都在卖出，它也会选择卖出，除非它只关心长期价值。然而，如果其他卖出者也是计算机处理系统，它们就会观察到对方的卖出行为，从而更加坚决地选择卖出，而做出这一决策只需要不到 1 秒的时间，整个市场部门就可能在几分钟内受到毁灭性的打击。在 20 世纪 80 年代，这种计算机恐慌在很多股票市场危机中都扮演了重要角色，直到采用了新的规则，才使得在这种情况下可以立即停止股票交易。

↘ 相关事件的趋势可以标注在一幅图形中的方法。这幅图利用时间作为它的一个坐标轴，但是它不能给出各种趋势之间的关系信息。为了预测未来，分析家通过研究过去的数据去看各种趋势如何关联。然后，他们希望自己可以预测改变一个趋势（如广告支出）以及第二个趋势（如销售量）所造成的影响。为了建立这些关系，可以使用回归分析。将数据作为点的集合重新描绘，用两种趋势作为图形的坐标轴。可以利用一个公式（称为普通线性回归）

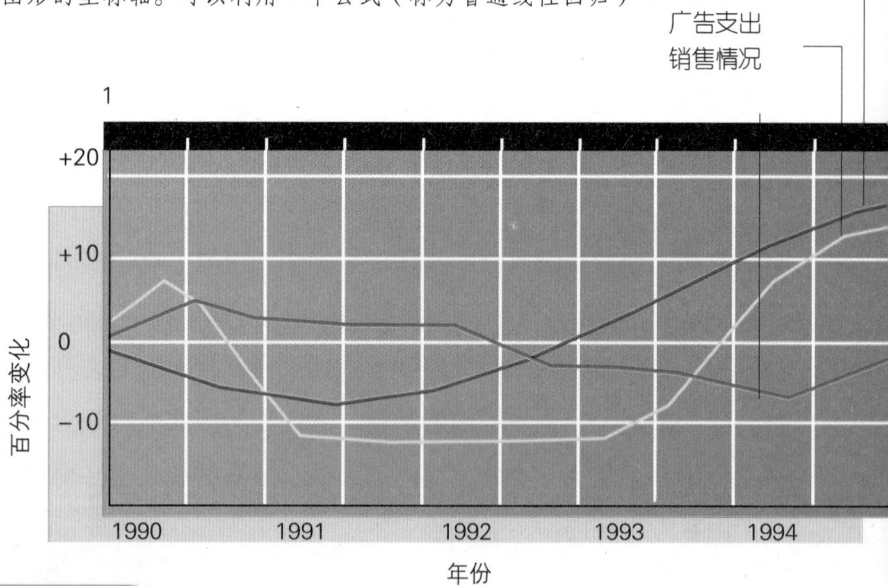

来画出一条直线，提供对这些数据的最佳匹配。这条直线允许对两个坐标轴之间的关系进行数学定义。同样的过程被应用到每一组相关变量之间。为了确定多于两个的相关趋势之间的关系，计算机可以在多维空间中绘制直线，使得任意一种趋势的变化对于所有其他趋势的影响都可以被预测出来。

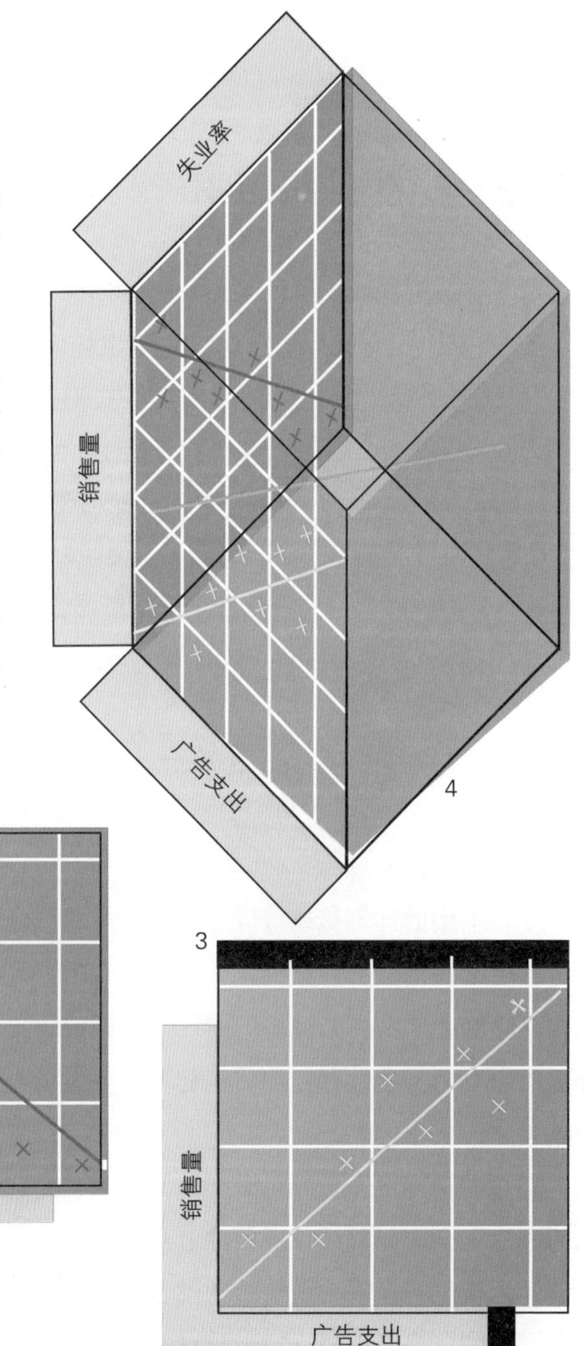

故障保护系统

在很多用到计算机的领域，错误可能是致命的，而最为严重的是那些采用计算机控制的载客交通工具。火箭、飞行器、轮船及某些火车大量地使用计算机，尤其在所谓“线传控制”系统出现之后，一部飞行器的所有主要控制系统都电子化了。计算机被嵌入到飞行员或驾驶员的控制器中。雷达、计算机导航系统及飞行器的电子功能使得飞行员可以得到关于飞行状况的大量数据。然而，纯粹的数据有可能导致飞行员信息过载，而且，如此众多的显示有可能导致飞行员错过了重要信息。为了避免这种危险，现代控制系统将这些信息的绝大多数交给计算机，由计算机进行筛选，分离出飞行员最迫切需要了解的那些信息。

飞行器中的计算机还可以监视飞行员的指令，如果它们并不合适，在某些情况下计算机就会否决这些指令。这样的系统可以应用到轮船上：在一条拥挤的航线上，碰撞防止系统依赖于一台计算机来分析雷达数据，并防止舵手偶然设定一条与其他船冲撞的路线。

在这些情况下，计算机必须做出决定，而这些决定关系到人们的生命安全。如果计算机硬件上存在一个错误，它就有可能做出错误的决定。在对一次空难的调查中，人们怀疑，当飞机的两台引擎中的一台起火时，一个线路错误导致计算机错误关闭引擎，

↖为了确保线传控制飞行器所需的防错计算，三个程序员都被给予了相同的规格说明，指定了程序必备的功能，但是他们独立地开发软件。即使其中的某个程序包含一个漏洞，也不一定出现其余两个包含相同错误的现象。所有三个程序在投入使用之前都经过广泛测试，很多漏洞都在这一阶段被找出和排除。

↘在一个线传控制飞行器中，飞机的硬件和软件的复制确保了错误不至于引起灾难。三个不同的程序同时运行，每一个都运行在两个不同的处理器上，从而使硬件故障导致错误的危险最小化。

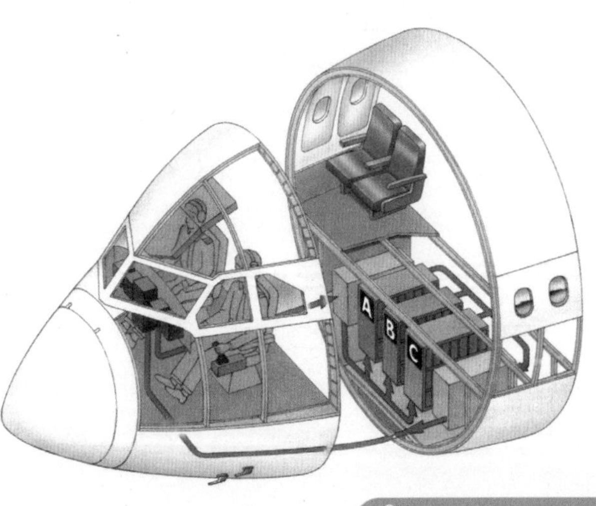

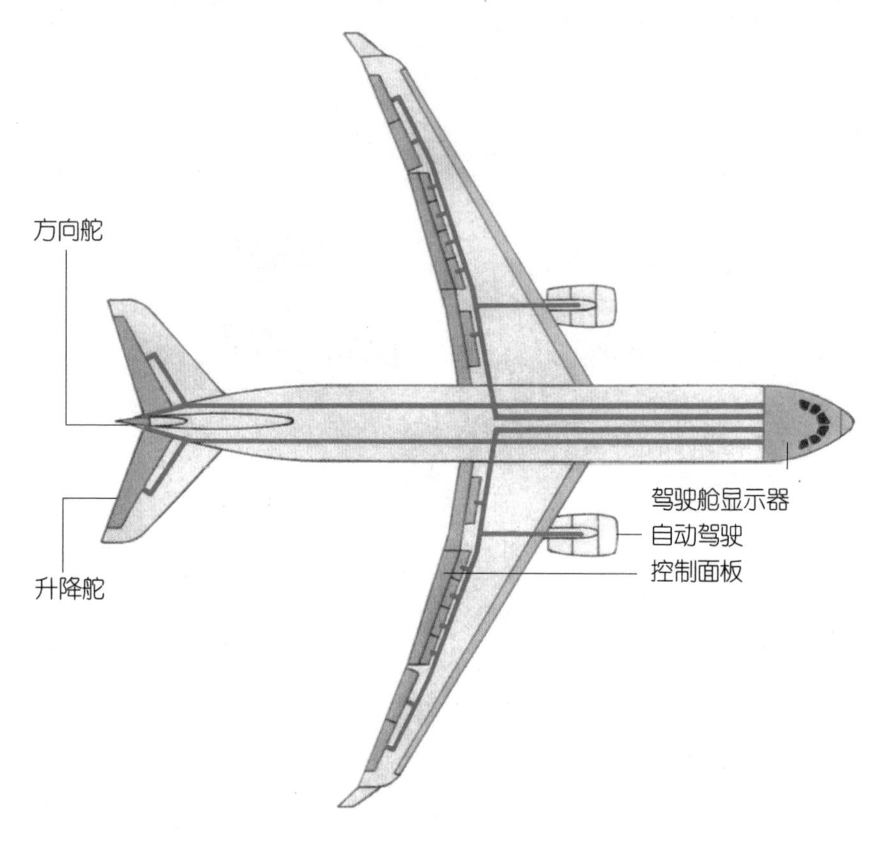

一台起火，另一台关闭，飞机因此坠毁。内存芯片也有可能发生错误，使得存储在其中的数据损毁。

因此，在某些场合——人类的生命依赖于一台计算机的正确功能，系统通常建立一个完整处理单元和内存的复制，将所有输入数据同时传递给两个处理器，并监视两个系统之间是否存在不一致——任何不一致都可能指示了其中一台的错误。随着技术的成熟，硬件复制使得系统即使发生错误，也能维持功能，而不需要飞行员在飞行中排除故障，或者定位并更换零件。然而，无论预防措施如何精细，如果软件包含了错误（漏洞），复制的硬件就有可能对于改进安全性没什么用处。如果情况确

↘ 早期的飞行器由通过电缆连接到控制器上的移动部件控制。在现代的线传控制系统中，来自驾驶舱的信号以电子方式发送给机械设备，以调整飞行面。在简化控制操作的同时，线传控制系统也允许计算机检查飞行员对飞行器的操作。计算机可以构建一个“飞行封套”，即它认为安全的一个设置范围。在这个封套内，飞行员可以决定更快或更慢，更高或更低。如果飞行员的指令超出了封套，那么，就存在安全引擎设置被超出的可能性，指令就会被阻止。光传控制是线传控制的扩展，它用光纤取代了电子信号。

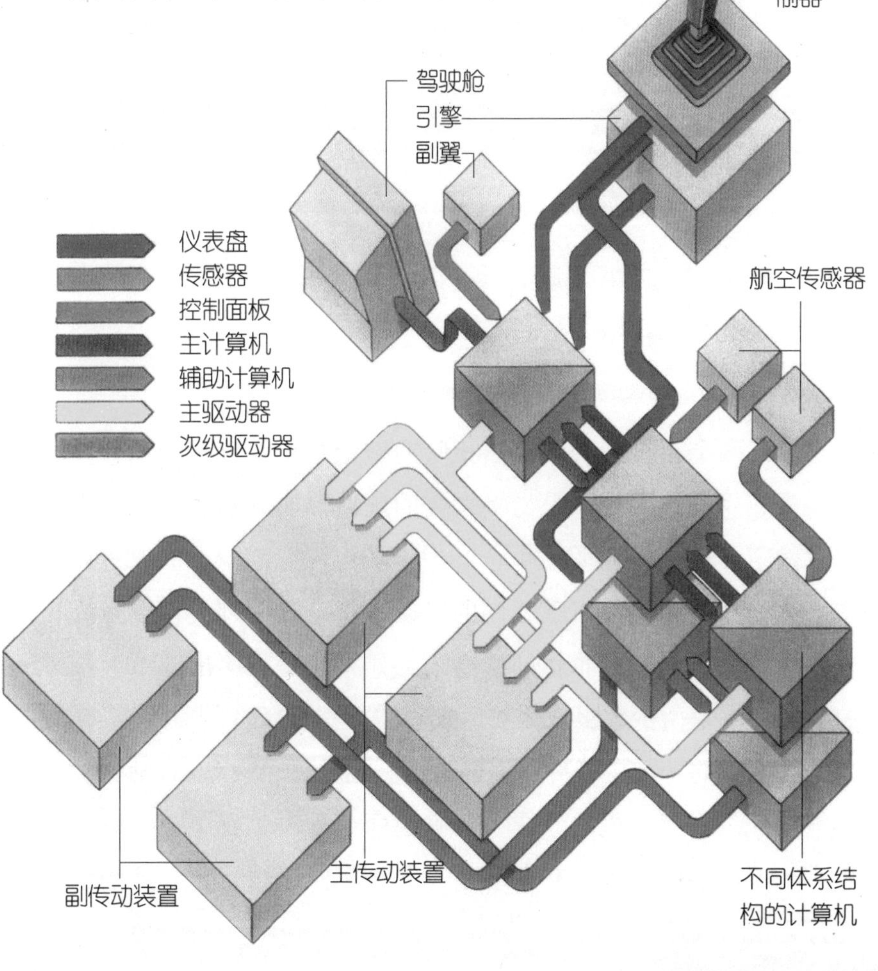

带有杆状传感器的飞行员控制器

驾驶舱

引擎

副翼

仪表盘

传感器

控制面板

主计算机

辅助计算机

主驱动器

次级驱动器

航空传感器

副传动装置

主传动装置

不同体系结构的计算机

↑ 为了应付繁忙的运输航线，一艘运送乘客和汽车的水翼喷气式渡轮（如横穿位于英国和法国之间的英吉利海峡的那种渡轮）有防止和其他船只相撞的计算机系统。其他船只的存在可以被雷达探测出来。控制室的计算机分析雷达信号，确保水翼喷气式渡轮的航线是安全的；一旦发现危险，就发布紧急警报。

实如此，两个系统都会计算出相同的错误结果。这一问题的一个较为通用的解决方案是，将软件的规格说明分别交给三个不同的程序员小组，从而写出三个不同的程序来完成相同的工作。这三组程序员不可能出现相同的错误。每个程序都被设置为执行相同的任务，并接收相同的输入。如果三个程序出现不一致的情况，就采用少数服从多数原则。需要三个版本的原因在于，当硬件崩溃的时候尽管可以很容易地看出是哪个设备出现问题，但是在控制一架飞机的时候，要确定两个程序中哪个包含漏洞几乎是不可能的，因为它们互相冲突却仍然可以运行。某些系统有更强的故障保护措施，例如，航天飞机采用了五重复制。

数据保护

数据可以从一台计算机上复制下来而不留下任何痕迹。一个侵入者可能会得到某人的信用卡号码或其他分类信息，这种行为称为窃取。数据在传输过程中可能被改变或者某人通过伪装为其他人（欺骗）或一个组织（欺诈）而获取信息。

用户通过用户名和密码向一个系统表明自己的身份，但是密码并不是非常可靠。很多人为了不忘记密码，而选择简单明显的密码，猜测几次就足以破解。其他一些人则把密码写下来。

那些企图未经授权就访问计算机的人称为黑客。有些黑客试图访问机密信息；有些是编程高手，将破解安全系统视为挑战；还有一些则企图使计算机停止工作，从而造成危害。黑客们使用的工具称为病毒。

病毒防护软件现在已经普遍存在。这些软件被安装在硬盘上，并定期更新（可能每周一次），它包含已知的病毒库。当它发现一个病毒，就会隔离包含病毒的程序或软件，并对用户发出警报。

为了保护机密性信息，最古老的方法之一是加密——用一个代码去掩饰信息的本意。在加密领域中，数字已经被使用了很长时间，而且非常适合用于计算机数据的加密。密码的缺点是需要发送者和接收者之间预先约定——通常被写下来作为一个密钥。双方都必须持有密钥，这就意味着存在密钥失窃的危险。

20 世纪 70 年代后期，密码学发生了一次革命，这就是公钥密码概念的出现。公钥密码使用两把密钥，一个被公开，而另一个继续保密。传输的数据首先用密码进行加密，将其转化为数字形式，通过一个数学过程编码，用到一个小的数字，这个数字根据某种特定的标准随机选择，并且用到一个非常大的数字，这个数是两个大（通常是 100 位）素数（只能被 1 和它本身整除的数）的积。这个小的数字和非常大的数字构成了公钥。解码则需要将两个素数相乘得到公钥数字。这些组成了私钥并保密。采用这种方法，鲍勃可以向艾丽丝发送一条消息，用艾丽丝的公钥（公开的）进行编码。只有艾丽丝可以解码这条信息，因为只有她拥有私钥。艾丽丝可以做更多的事情，如她可以确定是否真的是鲍勃发送了这条消息。连同这条消息，鲍勃还把他的“签名”发给了艾丽丝。这个“签名”也是一条信息，可以是他的名字，但是鲍勃已经用自己的私钥对原始信息进行了编码。艾丽丝可以使用鲍勃的公钥来解码这个“签名”，这样她就知道整条消息确实是由鲍勃发送的，因为只有鲍勃才有私钥来编码“签名”。

盗版（软件的非法复制行为）是另一个问题。软件供应商几乎没有办法来防止盗版行为。程序磁盘可能带有一个特殊的标志，这个标志不能被复制，而且必须有这个标志才能运行程序。但是事实上，即使是这样的标志也能被复制。某些程序需要一个保护锁，它是一个小型的外围设备，接在串行端口上，并且运行程序时必须存在。但是保护锁对于用户而言很不方便，因此很多软件供应商都没有使用这一设备。

计算机科学的未来

并行处理

在早期的主机计算中，处理器是稀有且昂贵的资源。用户需从几百千米外连接过来以运行程序。相反，现代个人计算机既不稀有也不昂贵，它们拥有廉价、强大的处理器，这些处理器大量地被用于制造更强大的多处理器计算机。这些计算机可能使用了标准的 PC 微芯片，也可能拥有像晶片机一样的特殊芯片，这些晶片机有巨大的内存容量，内部有特殊的连接，使其特别适合于多处理器系统使用。

多处理器系统是拥有超过两个处理器的计算机。在一个多用户环境下，它直接使用多个处理器：不同的任务可能交给不同的处理器。然而，每个因此产生的任务的运行速度并不会比它在单用户单处理器系统下的运行速度快。

多处理技术依赖于对单个任务的划分。例如，一个账目程序可能需要增加 10% 的奖金到每个人的薪水中，然后统计公司的支出。这里不需要将这项任务的两个步骤分配给不同的处理器，因为第二个处理器必须等到奖金计算好才能运行，这样，第一个处理器将变得空闲。一个处理器算出一半职工的奖金，另一个处理器同时计算另一半职工的奖金更合理。经过恰当的处理，这种方法的处理速度可能是最好的单个处理器方法的两倍。这两个处理器被称为在并行模式下操作。

存在两种方式可以实现并行处理。显式并行需要由程序员决定怎样在处理器之间划分工作的不同部分；在隐式并行中，由系统来决定工作划分。任何想要使用显式并行的人必须重写所有软件，以便在处理器之间划分任务。尽管对于少数高级应用而言，这是可以接受的（如制药公司在发明新的药物时所制作的分子模型），但是它却阻碍了并行系统的广泛应用。隐式并行的优点在于不需要重写软件。然而，对于如何自动发现并行处理机会，解决起来相当困难。

当隐式并行被应用在最低层级时，它可以交付一些结果。对于一个处理器而言，发现两个接近的指令能够并行执行并不太难。例如，如果一个指令对寄存器 5 加 3，而下一条指令从寄存器 4 减去寄存器 2，一起执行这些操作并不会有任何损失。

一个超标量处理器有多处理单元，并且一旦发现机会，就能立刻分派两条或多条指令。这种处理器具有这样的优点，那就是它们可以处理单执行器代码，甚至做得更好。如果使用的编译器了解并行机制，并有意生成按组划分的代码，使其能够被并行处理，这时，超标量处理器才能给出最佳的结果。

20 世纪 80 年代后期和 20 世纪 90 年代前期开发的机器，也就是大型并行计算机，是由数百个甚至数千个相对较小的处理器构建而成。这些系统最适合于那些需要并行完成处理的大量运算的应用程序，例如，在一个预报程序中，建立天气变化的模型，或者流体流动的变化模型。

↘有些任务能够很自然地以并行方式进行，而其他任务则需要按顺序进行。取100个数字的一个集合，对每个数字进行加倍，这一运算任务在理论上可以很容易地分配给100个处理器；如果只有4块处理器，则每个取25个数字。这种类型的计算被称为向量处理。进行向量处理的很多已有程序都可以从并行方式中受益，而无须重新写入。将100个数字加到一起就不能轻易地在100个处理器之间进行分割。

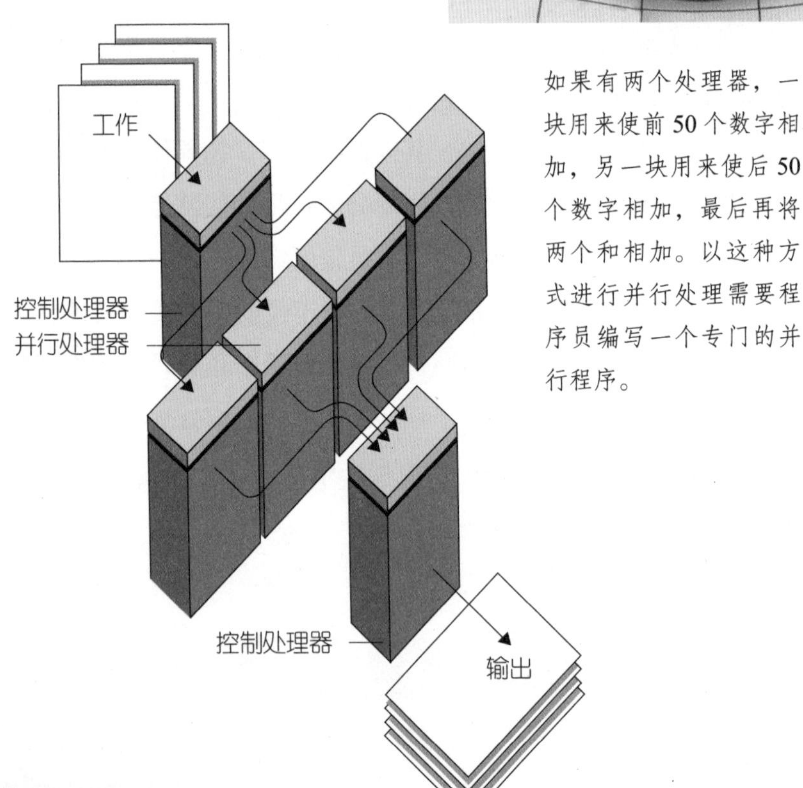

如果有两个处理器，一块用来使前50个数字相加，另一块用来使后50个数字相加，最后再将两个和相加。以这种方式进行并行处理需要程序员编写一个专门的并行程序。

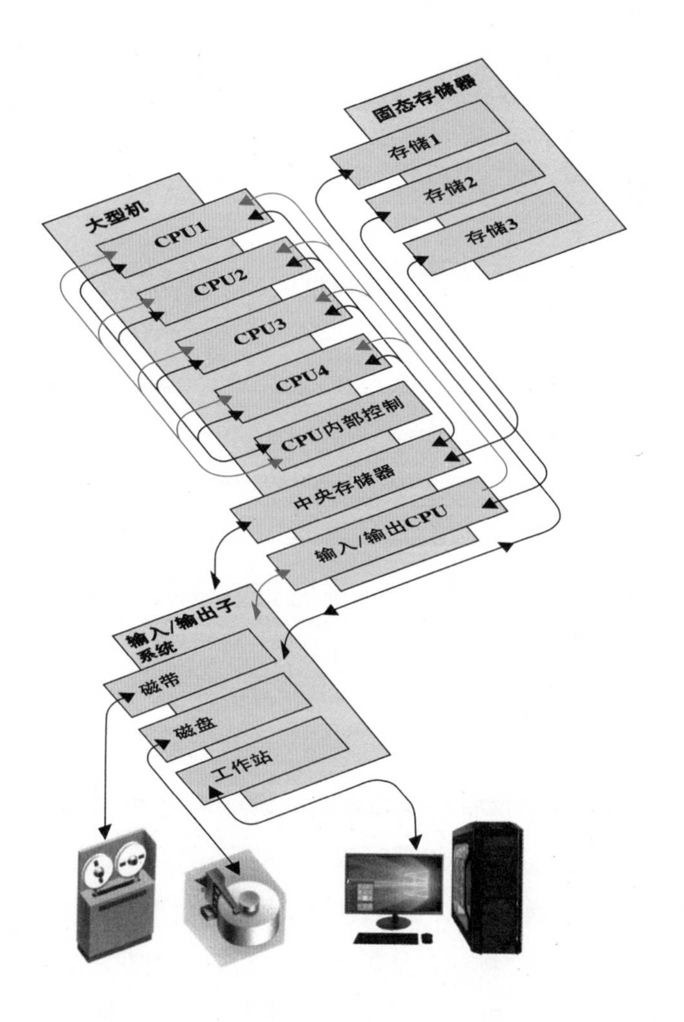

↑ Cray X-MP/48 计算机是一台四处理器超级计算机，专门为向量处理而设计。它被用在非常复杂的建模工作上，如天气预报和粒子物理实验分析。除了 4 个处理器之外，它还从巨大量的静态 RAM 上获益。它不仅昂贵，而且必须保存在冷箱中以防止过热。4 个处理器都访问整个内存（上图）。在向量处理应用中，每个处理器都可以在一个分离的内存地址集上工作，而且不会冲突。一个处理器不会处在等待另一块的状态。Cray 计算机使用一个特殊的编译器检测它可以在程序的哪个位置安全地在处理器之间划分任务。

开放式架构

比起使用早期计算机的用户，使用纸笔的传统工作方式可能会更加灵活。比如，在一本笔记本上计划一项复杂的任务，写下几个段落，做一些和计算，然后添加一个草图或图表，对于这些工作我们可以始终使用同一本笔记本。20 世纪 80 年代，一个计算机用户必须准备并打印文本，分开编辑插图，最后通过裁剪粘贴把它们组合在一起。甚至到了 20 世纪 90 年代早期，当来自不同应用程序的元素能够更容易地被导入一个文档时，要在文档内部修改以这种方式导入的元素也是几乎不可能的。

这种局限是由常用操作系统的设计（架构）造成的。要执行一项新任务，用户必须选择合适的应用程序：在写一个字母之前，文字处理软件必须启动，绘图则需要图形软件包。例如，在微软 Windows 操作系统下，为了从磁盘读取一个文件，最初创建文件的应用程序就必须先被加载。应用程序生成的文件，一般保存为只有创建它的程序的特定格式。文字处理软件不能自动读取图形位图，同样，图形系统也不能处理文字处理软件文本。如果使用了错误的应用软件调用一个文件，甚至使用了错误的文字处理程序来打开文本文件，都有可能出现乱码或者导致文件根本无法打开。

应用程序设计者已经尝试用各种方法来克服这种困难。未格

↑ 大多数任务都需要用到多种不同的技能，当人们工作的时候，他们需要频繁地从一种技能转换到另一种技能。例如，一个人在策划一部电影的时候，可能会在情节串联图板上工作，这可能需要以选定地方的照片为基础，绘制单独的图片，为每段对话计时并计算每个场景的长度，重写剧本，甚至设计音乐。这个任务还可能需要和团队的其他成员进行电话通信，参考预算，以及很多其他方面。开放式架构的目标是向计算机用户提供具有相同灵活性的工作方式，从而将更少的时间花在打开和关闭文件及应用程序上，将更多的时间花在实际工作上。

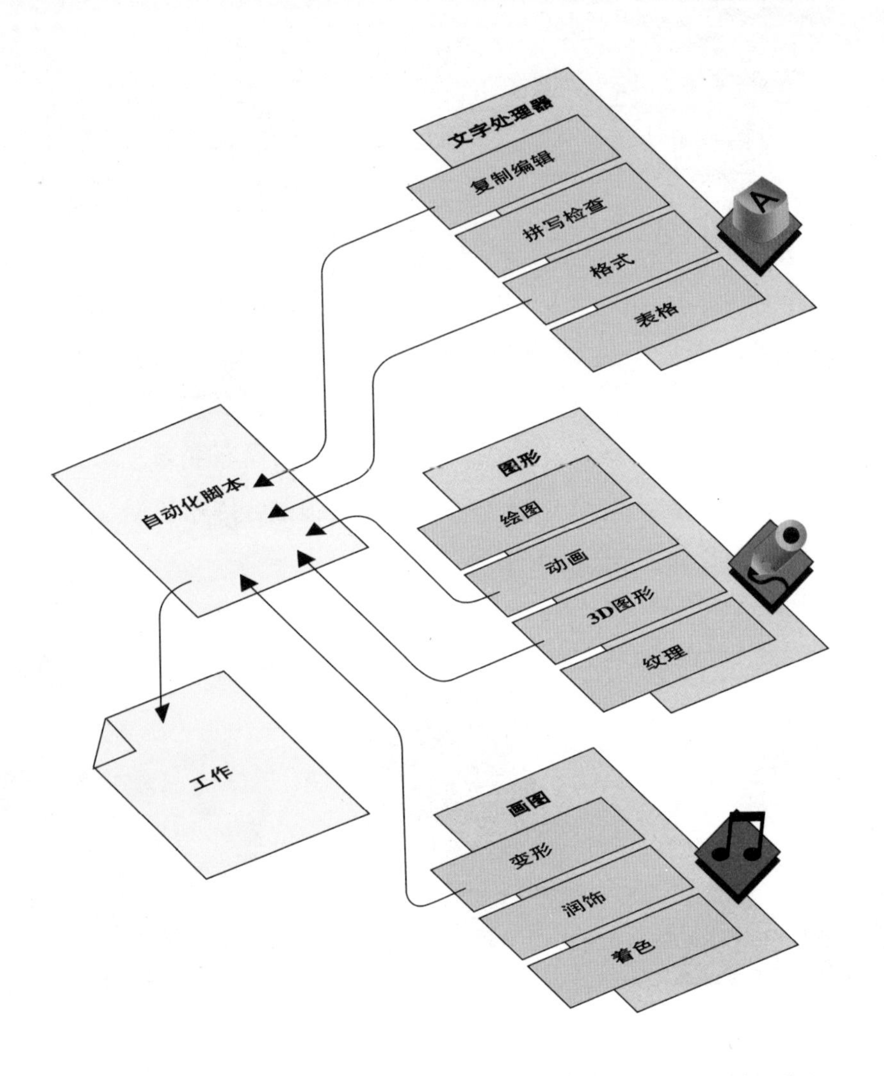

↑ 20 世纪 90 年代前期，很多标准应用程序都提供了大范围的功能特征。对于每个应用程序，很少有用户利用到一小部分功能特征之外的其他功能，但是人们发现，对于很多任务，仍然需要用到多于一个的应用程序。随着开放式架构操作系统的发展，人们可以根据个人需要剪裁应用程序，从多个程序中提取模块或特征，再将它们组合成专门针对手头任务的一个套件等，以克服之前的不妥之处。

式化的文本文件可以被保存为 ASC Ⅱ文件，然后导入另一个应用软件。有些格式对于不同软件之间的图形交换都是可用的，比如，文字处理程序能够在它们的文档中存储图形或者照片。还存在这样的软件套装，包含各种最流行的应用程序的精简版本，以一种常见的形式表达，从而简化了在两个应用程序之间移动数据的过程。但是在工作开始的时候，用户仍然要选择加载哪个应用程序。

如果用户能够调用应用任意程序中的任何一个片断，就将更加合理。应用程序片断可以是文本、图片、图表的组合，还可以包括声音和视频序列。这样的应用程序片断被称为复合文档。用户可以选择进行操作的区域，合适的应用程序就会自动开始运行，而不需要关闭先前的应用程序。

可以实现上述操作的一种方式：在一个由不同应用程序（如文字处理程序）创建的文档中嵌入一个对象（如从绘图程序创建的文件中取得图形）。如果创建图形的文件被更新，那么下次打开文件的时候新版本就会自动显示在报告（目标文档）里。如果用户看到报告，希望再次更改图形，就只需要点击图形对象，而不需要关闭文字处理程序并重启图形程序。这样的一个复合文档可能结合了可编辑的文本、可视动画、可修饰的图片、可改变的照片、可更新的电子表格及可添加和回放的声音。它就将成为一个真正的多媒体文件。然而，实际上，复合文档受到操作系统的限制。一个传统的操作系统将文件的各个部分看作分离的文件，因此可能会把一段文本中的图片移动或在无意中删除。

为了解决这一问题，人们设计了面向对象操作系统。传统的

↑ 一份复合文档有多个内嵌的对象（如底部的饼图），每个对象都链接到另一个文档。当用户点击这些对象中的一个时，当前应用程序的菜单和工具就会被创建这个对象的那些应用程序所取代。在这个例子中，背景的应用程序是一个画图程序，具有多个内嵌的对象。这些对象包括文本（文字处理）及由电子表格生成的饼图。一个视频程序可以通过左上角的对象被引用进来，还可以利用音乐图标添加或回放声音。

操作系统在文件上工作，而面向对象（开放式架构）操作系统处理对象——这些对象可以由其他对象组成。一个文件仅仅是操作系统无法解释的一组数据，但是人们可以通过检查对象来找出它所包含的子对象。用户不再面对文件和程序的列表，而是能够看到每项工作的清单，每项工作都可能需要很多应用程序。随着此类操作系统的进一步增强，可能会允许用户建立定制的应用程序，将通过插入来自不同程序的一些模块，以适应工作的特定需求。

多媒体

文本需要相对较小的存储空间，而其他媒体，如视频和高质量的音频，当它们转换成计算机兼容格式时，就需要很大的存储空间。比如，最初开发光盘是为了存储音乐，以便于通过立体声系统播放，但是 CD-ROM 则能够存储 650 兆字节的计算机数据。利用 CD-ROM，计算机和音乐、视频之间的界限开始逐步被打破。在计算机能够存储高质量的视频电影之后，将视频作为程序输出的一部分显示，然后再将数字声音添加到视频中，只是相对较小的一个进步。之后开发的应用程序允许用户在声音和图片程序中使用复杂的综合文档。

由于光盘的再生产既容易又廉价，因此它提供了一个理想的出版媒介。技术的这种结合称为多媒体。一个多媒体程序是一个文字、图片、声音和视频的数据库，经常被组织成超文本系统（一种基于计算机的拥有可视“页面”的“书籍”）构成，有一个搜索引擎可以让用户按自己的意愿，在大量的材料中快速查找资料。用户通常被给予顺着建议路径贯穿材料的选择，或者追踪选择性链接，找到更多的信息。

多媒体有很多用途。游戏制作人已经迅速发掘了视频的潜力，其他制作人也很快借鉴。现在，多媒体广泛应用于职业培训以及提供易于访问的参考材料，比如有插图的百科全书。一部印刷的百科全书最多也就是插入一些照片，但是多媒体百科全书可能拥有运动图像和声音的片断，用户进入后可以欣赏一名特定的作曲家演奏的小段作品，或者观看一部关于打破奥运纪录的短片。数据库不同部分的快速链接给一些编剧和电影制作者提供了灵感，他们已经试验了小说作品的交互，在整个工作过程中，由观众来帮助创作故事情节。有的程序有“热点”屏幕，当光标指向它们的时候，这些“热点”就被激活：这种交互性提供了一种内涵方

↘ 多媒体将声音视频技术集成到计算机中。当声学工程师意识到以数字形式记录的声音可以和计算机结合在一起时，他们就发明了压缩光盘。数字视频的进展更慢一些，主要原因在于其包含的海量数据。最早的使用是在设计计算机游戏中。一种结合技术和专门的解压缩硬件使数字视频更加有用，并导致了电子出版的出现。

式更利于小孩和成年人学习。

尽管一般情况下，还不可能从个人计算机写给 CD-ROM，并且因此用户不能永久性地修改磁盘上的信息，但是可以复制数据到硬盘，再将其传递给其他程序。还存在可以创建多媒体文档的软件，以便在硬盘上存储多媒体数据，而且如果需要，它也可以被最终转移到光盘里。

一台典型的多媒体计算机（MPC）是在一台普通的快速计算机上添加多个部件而成。带有扬声器的声卡用于产生 MIDI 声（作为音乐乐谱存储,用声卡上的合成乐器来播放）或者波形音频（如存储在 CD 中的一列声波）。一个 CD-ROM 驱动器也必不可少。

一台普通计算机也能通过演示连续的帧来显示移动中的——尽管一般情况下比较缓慢而且断断续续。视频附件通常提供了一种专用的处理器，能加速运动中图像的演示，并且使它们高速地被压缩和解压缩。能够高清晰、全屏流畅重放的视频画面需要占用大量的内存（全屏视频的 1 秒需要 24 帧，要占用几兆的内存），并且需要利用复杂的机制来避免视频代码存储的冗余，从而把更长、更高质量的视频片断压缩到一张光盘里。

一些制造商开始尝试开发类似的技术，这种技术不是采用计算机，而是通过连接到普通电视机的机顶盒来提供回放功能。

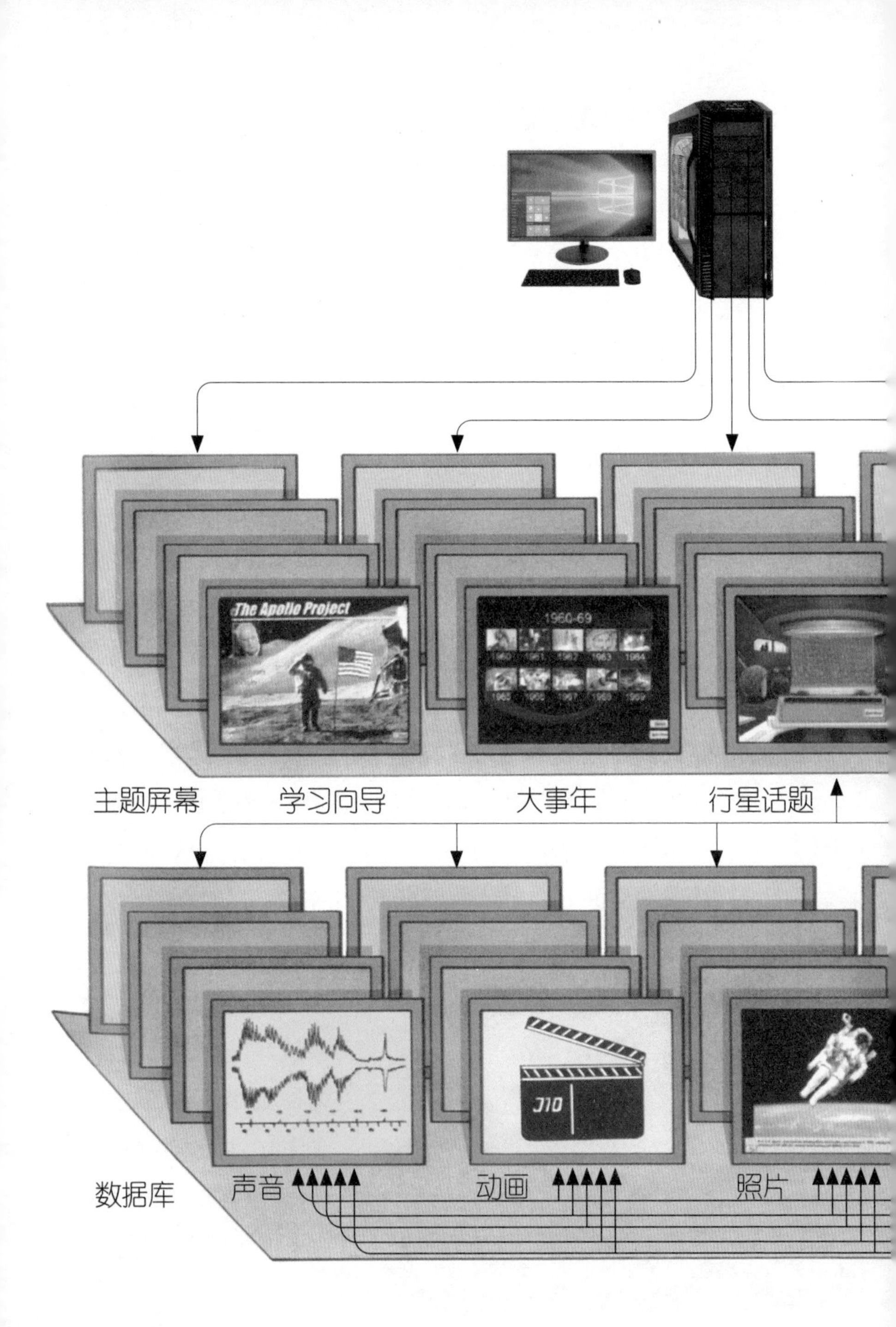
The Apollo Project
1960-69
主题屏幕
学习向导
大事年
行星话题
数据库
声音
动画
照片

← 一片典型的CD-ROM存储光盘有654兆字节的存储容量。对于一个典型的多媒体程序，它的空间被分配如下：图片，410MB；音频，130MB；视频，110MB；文本，2MB；程序，2MB。相当于一本几百页的书籍。

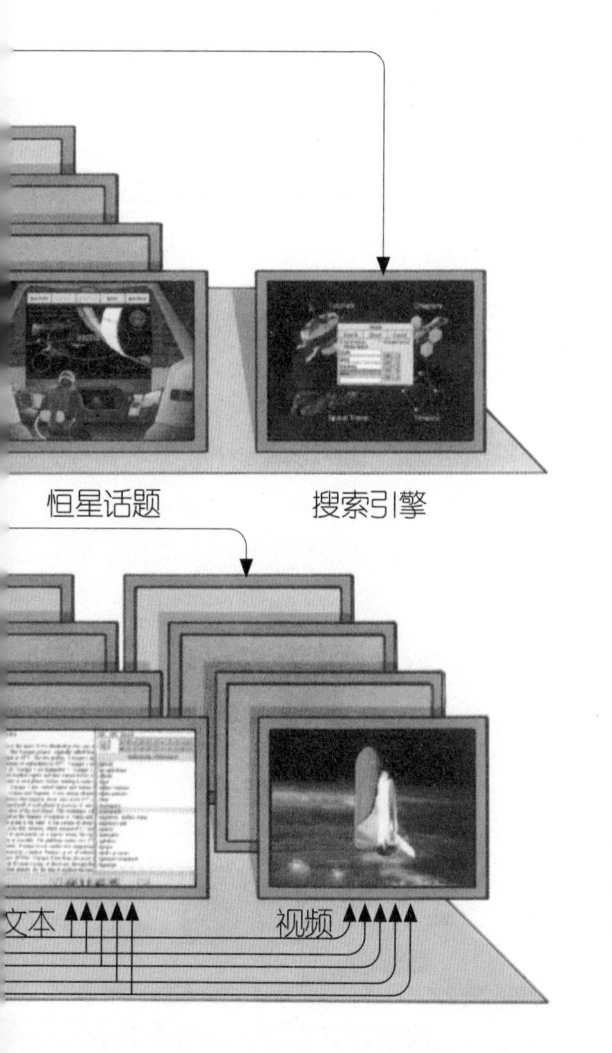

↙ CD-ROM，例如这本关于太空的百科全书，包含了文本、图像、声音和视频的数据库，并可以通过多种方式对其进行访问。用户可以选择主题，比如“俯瞰地球”；或者选择一项搜索功能，调用和感兴趣的主题相关的所有参考内容，之后就可以访问这些内容所包含的文本或视频；还可能有音频信息。“热点”允许用户通过简单点击屏幕的某个部分（图像或文本）在相关条目之间跳转。对于浏览而言，这种访问信息的方式非常理想。

虚拟现实

多媒体技术带动了电视、视频和声音技术一起进步，也带动了计算机技术的进步。虚拟现实则走得更远，并提供了一个不能没有计算机的媒体。它的目标是在计算机上通过模拟创造一种体验，而且这种体验尽可能地接近现实世界。比如，建筑师利用一个虚拟现实程序就可以让人们在一个并没有建造的建筑物中“走动”。

虚拟现实系统的第一个要求是高质量的移动图形。使用者不再需要在屏幕上观看这些图形，而是戴上一个特殊的头盔，由头盔来提供图像的三维投影。这种头盔将使用者与他周围的事物隔离开来，因为那些事物会分散视觉并干扰虚拟图像的投影。

将虚拟现实从之前的系统中分离的第二个要求是，使用者的行动要控制投影的图像。使用者能够环视四周、到处行走、在路口转弯，甚至爬上楼梯。有多种机制可以用来发送使用者的运动：一个我们平时用来玩普通电脑游戏的游戏手柄，也适用于这一目的。

第三个要求是图像的计算机处理。在计算机的速度显著提高的同时，视频适配器技术也在不断改进，这使得虚拟现实成为可能。计算机使用传感器探测虚拟定位和视野方位，通过考量显示线条画在哪个位置的三维坐标系的一个数据库来构建正确的影像。由数据构成一个二维投影（一只眼睛可以看到一维图像）是

↘ 这个头部装置可以在使用者的眼前投影出一幅图像，产生能看见一个虚拟世界的幻觉。它还可以探测到使用者头部的移动，并调整图像，以适应其脸部的方向。因此，使用者可以向左转动，而左边的物体就会出现在视野中。如果需要，这种头部装置也可以提供声音。

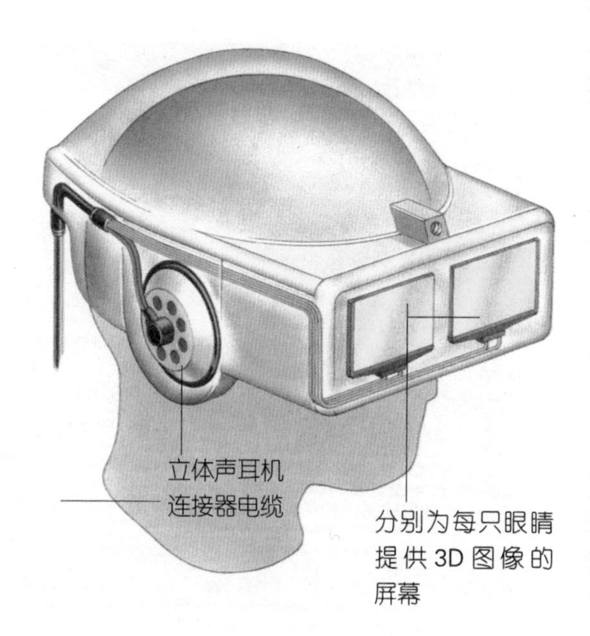

↙ 使用者“看见”一个物体并伸手去操作它。虚拟现实手套探测这种移动，并将移动信息传递给计算机，由计算机进行分析并调整这个物体。图上的黑盒子探测绝对位置及手套的朝向，手指上的小衬垫可以提供触摸的幻觉。

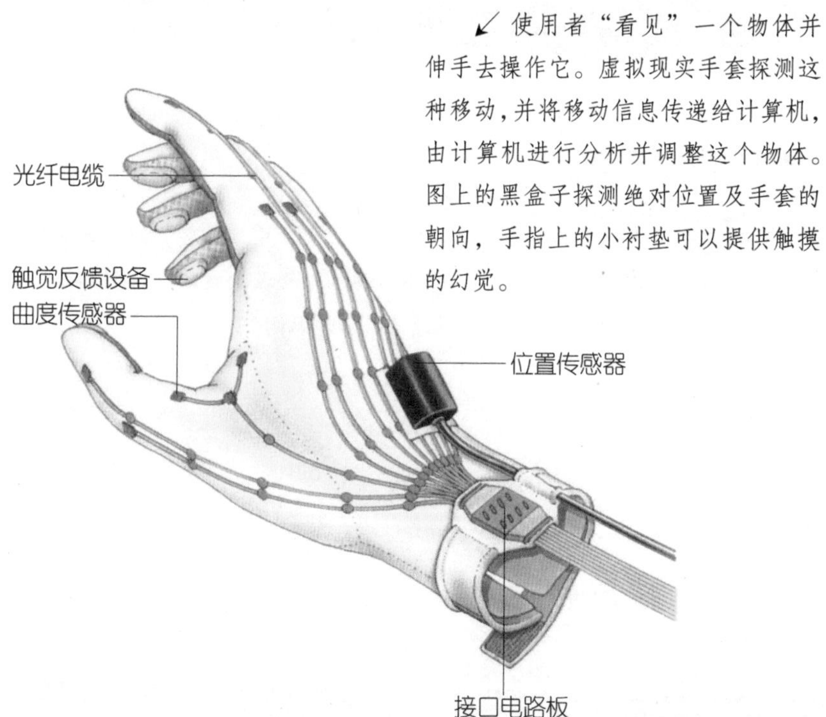

↑ 这个“虚拟指挥家”戴上了一只特殊的手套来控制和混合音乐。他的手部移动被传递给附近的一台计算机，这台计算机上的特殊软件可以将移动解释为方向，并对乐器的声音做出相应的调整。有了这样的一只手套，就可以决定音乐演奏的速度，也许还有音量大小。一名有经验的指挥家和一支管弦乐队可以通过小的、简单的手部动作，交流大量的信息。如果没有虚拟现实系统，为了使计算机吸收同样多的数据，所需的键盘输入将会降低处理的速度，并因此降低了模拟“执行”的速度。虚拟现实下一步的发展将会更接近适应人类用手完成的复杂任务。虚拟现实手套在这一应用领域将会变得日益重要。

直接的数学表达，但是需要极高的计算速度，这样观看者才不会觉察到图片的延迟。

移动和观看是必须考虑的两个互相关联的因素。比起静态的三维结构，虚拟现实游戏和一些应用程序更需要视野者能够移动穿行的三维建筑。动画技术可以让你觉得游戏中的其他人物也正在行走和行动。计算机辅助制作的动画具有非常高的质量，所以它能从一系列的图片中生成虚拟人物。这些图片可能来自电影，但是虚拟人物并不是仅仅重复在电影中的动作，而是通过计算机生成合适的图像，执行一系列全新的操作。

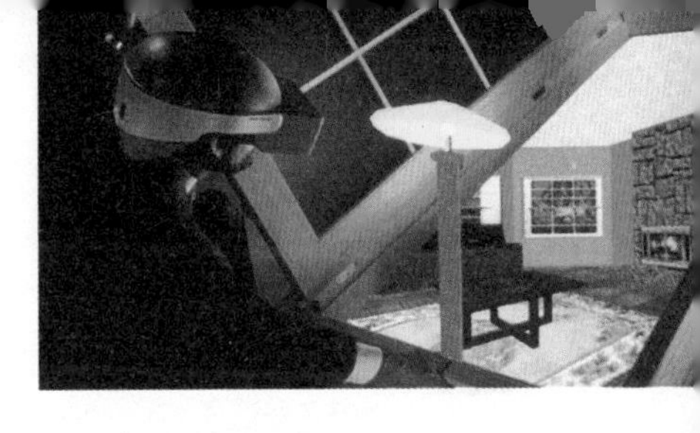

↑利用虚拟现实，只要按下一个按钮，建筑师的一个规划可以变成一个全景模型。这个头盔允许观看者全方位进行观察。如果观看者希望走进建筑获得内部视角，还需要附加的控制。

↑一名化学家利用虚拟现实来操作一个蛋白质分子的计算机模型。这种模型之前是用小块的塑料来制作，而且对于这种早期模型，即使有最好的图形，也无法向化学家提供操作这种结构相同的能力。一个真实的三维模型需要数天时间才能完成。

远程呈现

1997年7月4号，“探路者号”探测器在火星上登陆，并释放出“旅居者号”火星车，使其在登陆点附近移动以便分析岩石。“旅居者号”由地球上的控制员进行操作，他们可以通过“探路者号”登陆器上的摄像机来观察地形，然后使“旅居者号”向任意方向移动并操作其上的科学仪器。

在“探路者号”探测器之前，科学家已经试验了这一类型的远程控制。美国在校学生已经被给予控制NASA的实验用机器人行星探测器的机会——他们会感到自己就像坐在驾驶舱内一样。

这就是远程呈现，这种技术可以使人们觉得自己在一个不同而且非常真实的地方，而且允许人们执行操作。那将是什么样的感觉呢？研究发现，人们最初的感觉是自己就处在这个模拟的或虚拟的环境中。这个环境看起来很真实，但是人们会感到自己是站在外面看它。当他们开始操作虚拟环境中的物体时，这种感觉就会改变。他们之后就能完全进入这个环境，不再有意识地注意屏幕以及其他处在他们自身和虚拟环境之间的技术设备。

远程呈现技术由三个要素构成。第一个要素是创建虚拟环境，如果这被用于训练目的或者娱乐（如高级的电脑游戏），这个环境就由计算机图形构成，并且被存储在计算机的内存中。这种类型的虚拟环境的确可以非常真实。它被用在飞行模拟器中，

→“旅居者号”正在经历到达火星后的第三索尔（火星日），靠近左边那块称作“巴纳克尔·比尔”的岩石。“旅居者号”带有一部有高分辨率的摄像机及其他仪器，用来研究岩石。它由一块很大的太阳能板供电，并由地球上观察它的操作员进行控制。

训练飞行员处理不寻常的和危险的情况，让他们接近从未到过的机场，以及在从未见过的地形上空驾驶。宇航员也是在这种模拟器上训练的。当飞行器或宇宙飞船从某地上空飞过时，虚拟的地貌可以真实地改变；当飞行员从不同方向看时，所见到的景观也会随之改变。

这些虚拟的地貌是真实地貌的复制，所以感觉上它们非常真实，但是操作并不能实时地在它们内部行动。这就是说，操作员并不影响一个真实环境内部的任何事件——尽管他（或她）可以清晰地感觉到自己做了某事。如果模拟的飞行器坠毁了，没有人会因此而受伤。

另外，在“旅居者号”这个例子中，控制员正在实时地操作。“旅居者号”可以响应发送给它的命令。虚拟环境由摄像机（如果声音非常重要，那么还需要麦克风）创建，所以操作员可以看到此时此刻实际出现的事物。

第二个技术要素包括操作员使用的显示和控制。显示通常由一个或多个电视监视器构成，但是它也可以是一种安装在头部的显示器。操作员戴上一个设备，这种设备刚好位于眼睛前方，并包含两个屏幕，分别对应于两只眼睛。它可能还包含一个摄像头，

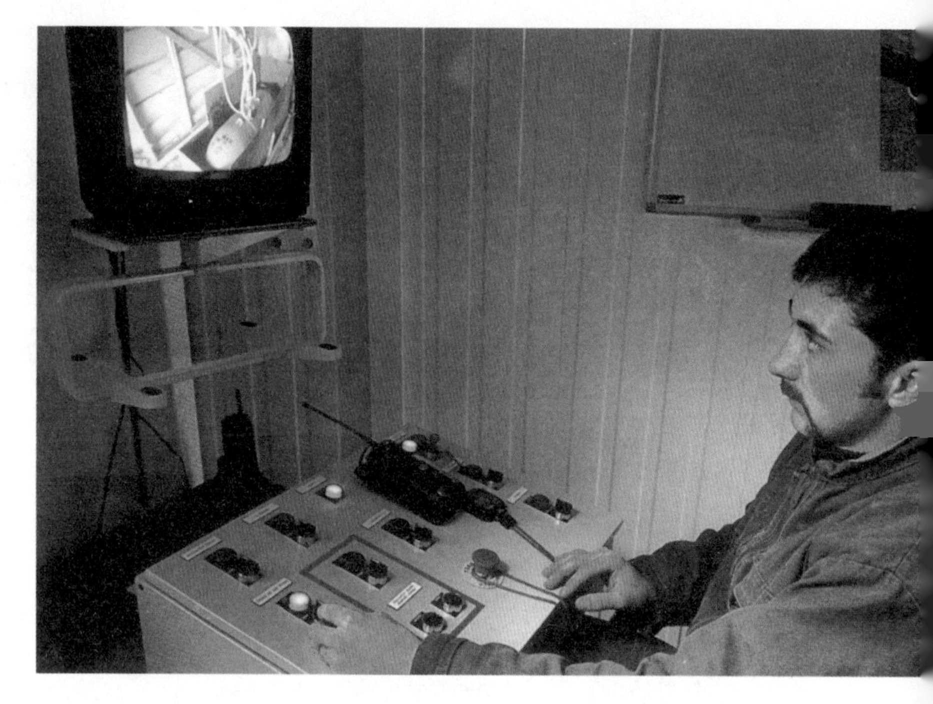

↑一名拆弹专家可以通过远程控制解除一颗炸弹。他指挥一个机器人向炸弹发射窄束、高压的水柱，进入炸弹的表面并破坏它的雷管。然后，炸药就可以在一次受控爆破中被安全销毁。

来监视操作员眼睛的运动。

操作员的控制适合于正在被操控的设备。一个飞行模拟器包含一整套飞行控制器，当操作员改变了虚拟飞行器的姿势，模拟器会做出相应的移动。一辆虚拟汽车可能由方向盘、换挡器、离合器踏板、加速器及刹车控制。这些都是比较粗略的例子。如果操作员正在虚拟环境中使用敏感的工具，他需要戴上安装了传感器的手套，以探测最微小的手部运动，然后处理真实的工具，所以，他就能正确控制它们的大小、形状及重量。

第三个要素是现实和虚拟的环境必须连接起来。这可以通过在计算机之间传输数据来实现。根据环境条件，数据可以利用计算机线缆、电话地线或者无线电传输。计算机线缆被用在两个环境非常靠近（如显微外科手术）的条件下。这是一种微创的外科技术，可极大地减少对患者身体造成的损伤，减少了疼痛和忧虑，并且更快康复。在需要的精度下，它还允许外科医生使用比真实人手所能操作的小得多的仪器，只需一个很小的切口，足够插入微型手术仪器和一个摄像头即可。外科医生通过远程控制操作仪器，用运动引导它们将信号传递给计算机，从而引导这些仪器。这些信号由计算机软件进行处理，并经由线缆发送给患者体内的仪器。医生并不是看着患者，而是观察一台电视监视器或者安装在头部的显示器。在手术过程中，医生在虚拟环境中工作，

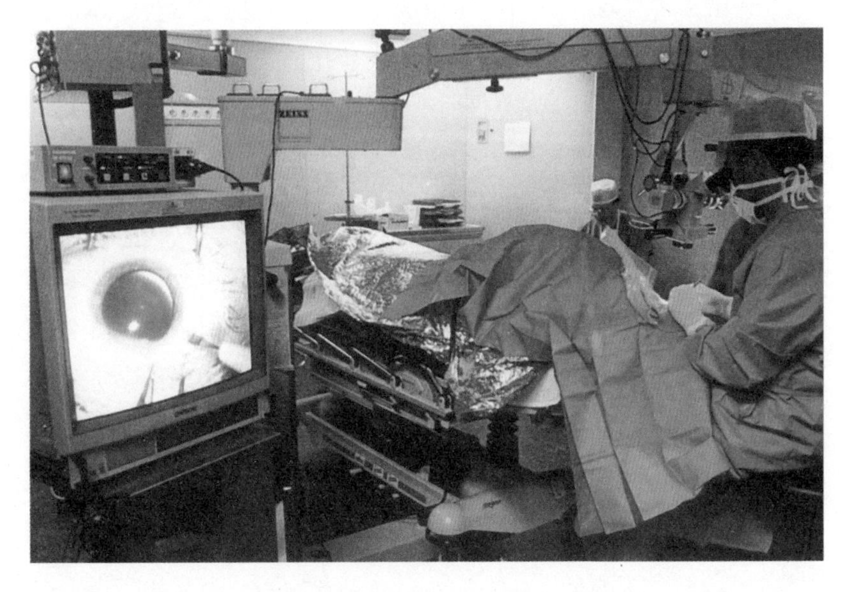

↑ 一名外科医生利用微创手术治疗白内障。患者的眼睛带有不透明的晶状体，可以在计算机监视器上看到。外科医生将用一片人造的晶状体取代失效的晶状体，利用一台显微镜来指引微小的手术仪器。

造成很近距离之外的真实环境中的改变。

利用远程呈现的外科手术也可以在长距离上实现。为患者所做的准备包括安装摄像头、计算机和手术仪器，并将它们连接到电话或无线电链路上。当患者准备好之后，外科医生坐在几百甚至几千千米之外的办公室里开始工作。外科医生还有一条直接的声音链路连接到手术室，这样他（或她）就能听到手术室里的医生提出的意见，并能对话。

假设世界上只有少数几个外科医生有能力完成手术，远程呈现就允许他们对任何地方的患者施行手术，避免了浪费时间及长途运送患者的风险。它还使得多个专家一起合作成为可能——即使这些专家之间也互相分隔。

利用远程呈现，外科医生也能在危险的环境中施行手术。他们可以治疗有高度传染性的患者，或者在前线医院工作，帮助刚刚受伤的士兵。相比将伤员转移到远离前线的后方医院，这种方式可以更快地对患者施行专家级的手术，从而极大地提高康复的概率。

并不是只有外科医生可以通过远程呈现进入不利的环境。类似于“旅居者号”这样的机器人可以由操作员指引去排除炸弹和地雷，或者在恶劣的环境中工作，比如锅炉或熔炉内部、充满有毒气体的空间，甚至核反应堆的反应室中。

纳米技术

2002 年 5 月，在线科学杂志《纳米技术》发表了法国和德国的一个研究小组所写的一篇文章，描述了他们如何构建一辆能够四处推动的有轮手推车。他们的手推车有一块中心板，尾部有两条“腿”，有两个前轮。制作这样的车子听起来并不是什么了不起的成就，直到告诉你这辆手推车的尺寸：它的尺寸为 1.6 纳米 ×1.5 纳米（nm）。1 纳米是 1 米的十亿分之一。这意味着这辆手推车的尺寸大约是 0.0000006 英寸 ×0.0000005 英寸。你可以在一枚大头针的针头上立起 4 万个这样的手推车。你如何将这样的手推车到处推动？你可以使用一种电子显微镜上的探针的尖通过尾部的“腿”来推动这辆车子。

没有人会计划利用纳米尺寸的手推车来运送砖块，建造一间纳米尺寸的房子。这只是科学家们在这种尺度下制作的工具之一，目的是发展这种技术——纳米技术。其他的工具包括镊子、嵌齿轮和晶体管。微处理器是一种维度在微米级别的电子设备。而纳米技术是在只有 1/1000 微米大小的物体上的操作。

纳米技术现在仍然处于非常初级的发展阶段，但是它已呈现出庞大的前景。我们可以通过重新排列原子和分子来制造化学品和药物。以一种方式排列，碳原子可以形成石墨；而以另一种方式排列，它们可以形成金刚石。以一种方式排列，碳、氢、氧及一系列其他元素的原子构成了空气、水和土壤；以另外的

↑ 埃里克·德雷克斯勒，美国的纳米技术学者和作家，坐在他设计的一个机器人模型旁边。这个机器人由金刚石化合物（一种强度很大、密度很小的碳氢化合物，结构类似于金刚石）构成，能够允许成对分子相对旋转。在德雷克斯勒后面，一个计算机模拟向我们展示了这个机器人，构成它的每个原子都清晰可见。

方式排列，它们就是马铃薯、玉米、家畜、家禽或者人。传统的制造业采用的是一次处理数不清的原子和分子，它们中的一些以正确的组织方式结束，而其他则不是，因此整个操作是粗糙的、昂贵的，而且是浪费的。纳米技术学者希望有一天用一种新的技术来取代整个这样的过程，这种新技术通过操作和结合单独的原子来构建所需的材料。美国物理学家、诺贝尔奖获得者理查德·费曼最早表达的这种想法或许是切实可行的，他说："物理原理，据我目前所知，并没有排除按照原子来操作事物的可能性。”

纳米尺度的设备，例如开始所讲的微型手推车，是由一次汇聚一个原子的方式构建的，它们看起来是块状的，因为原子是球形的。汇聚这些原子的微小工具被称为“汇集器”。汇集器从储备中拣选原子和分子，运送它们到“工厂地板”上，再将它们放置到正在发育的结构中。当然，汇集器的一个小队并不会有什么用处。如果一次一个原子地制作一个物体，那么在物体大到可以看见之前，必须等待很长一段时间，任由汇集器小队挑选和使用这些原子。许多汇集器小队需要被连接到一起构成网络。计算机网络的设计向科学家们提供了怎样实现这种网

↑ 这幅计算机图形展示了一个纳米机器人怎样利用激光来修复一条破损的 DNA 链。这可以辅助人体本身的 DNA 修复机制，或许可以防止恶性肿瘤的发展。

络的思路。

↑如图所示，啮合的电动机齿轮被放大为5.5厘米（是它们实际尺寸的200倍）。这张照片是用一台彩色扫描电子显微镜拍摄的。

纳米技术的可行性很大程度上是基于这样一个事实：细胞也是以这种方式工作的。在一个活细胞内部，DNA被转录到多条RNA上，RNA将次序信息通报给核糖体，这种次序也正是核糖体为了汇聚氨基酸单元生成特定的蛋白的次序。核糖体就类似于汇集器，而且每个核糖体的尺径为10～20纳米。如果能用汇集器实现相同的功能，那么医学研究者将会看到纳米设备很多可能的应用。这些设备可以在人体内穿行，进入微小的空间，比如毛细血管、肺泡、肌肉纤维或者神经纤维。在那里它们能够探测并矫正异常情况，防止发展成可以察觉的疾病。或许可以发送这些设备的编队去攻击和摧毁癌变组织，而不伤害到邻近健康的组织。

现在，药物已经在分子级别上进行设计，以所希望和可预测的方式和其他分子相互作用，但是它们是通过大量配料间传统的化学反应来制得的。纳米技术可能允许通过直接构建期望的分子，更加高效地制造药物，也因此更加廉价。

这种技术还具有环保应用。一种称为生物补救的技术现在被广泛使用。这需要用到细菌，有时是专门经过基因改变的细菌，将有毒或有害的物质分解为它们的无害组成成分。纳米技术也许能够更有效地完成相同的工作；或许可以将合适的设备装入过滤器中，以清洁空气或水。通过只使用制造所需而不会产生任何废料的原子，纳米技术还有可能在源头上减少甚至消除工业污染。

如果能够制造将原子和分子结合到一起的汇集器，那么也就有可能制造“分解器”——重新拆散这些原子和分子。对分析化学家来说，这将是一种有价值的工具。分解可以揭示构成某种物质的原子和原子团，以及它们的空间结构。很多自然物质，如酶、酸和自由基，都可以打破原子和分子间的结合键。因此，制造分解器并不是没有可能。

只要原子的物理和化学属性允许，汇集器就可以以任何方式放置它们。这意味着它们几乎能够建造任何东西，包括更多的汇集器，提供在选定配置下允许原子变得稳定的仅有的自然法则。这样，就有可能制造完全不存在的材料。

甚至还有可能出现纳米计算机。将原子按照特定的方式进行排列就可以形成一部细菌大小的计算机，而且具有千兆（10亿）字节的存储器。它的极小尺寸也能够使这样的计算机变得极其高速，因为同一块硅芯片相比，这种计算机内部的信息只需要传输其百万分之一的距离。它也许会比传统的计算机快几千倍。

纳米技术仍然处在它的早期阶段。它作为一种研究专题而存在，但是还没有任何工厂引入这种技术。然而，如果那些热心支持者是正确的，那么有一天这种新的制造工艺将会深刻地改变我们的社会，就像之前那些技术的扩展一样，包括生产的工业化、汽车、计算机及抗生素，但是对于纳米技术而言，所有这些领域的改变都将同时发生。

人工智能

类似于计算机，人类能根据指令完成用数字表示的任务。除了为执行任务所需的准确规则，其他情况下，我们就需要灵活可变的规则。我们甚至不需要知道如何推理就能做出决定。人工智能的目标就是使计算机能够更灵活地做出决定。

专家系统就是被设计成像人类专家的计算机程序。和计算机一样，医生依据检查患者获取输入信息，然后推理、发表观点。人们尝试建造能像医生那样工作的计算机，却发现推理过程不仅仅包含计算。医生不是简单地判断一个陈述的对错，他们能诊断出患者的病情——尽管不能详细地证明他们的结论。同时他们具有学习能力，随着经验的增加，他们能够灵活改变使用的规则。而且医生能够解释他们的诊断，计算机仅仅给出一个答案。

专家系统尝试在传统计算机系统中克服这些缺陷。它们使用概率用于推理，而不是仅仅简单地决定“是”或“否”。不仅能够通过一个叫作归纳的过程根据收集的数据学习新的规则，而且会记忆推论过程中的每一步骤，并阐释在这些步骤中它们所使用的规则。

许多软件系统包含专家系统技术成分。但是在很多领域，我们都是专家——虽然没人能够解释这些规则。大多数人能立即识别出一场进行中的篮球比赛，但是如果给计算机展示一张位图或者一系列位图，并为其提供一个试图探测人们正在打篮球的程序，我们就能很清楚地看到，识别一场篮球比赛的能力主要基于人类大脑的下意识判断。

一些研究者已经尝试通过构造模型大脑来模仿下意识的推理。通过向人工大脑细胞展示正确或不正确的例子，然后重新设置，直到它们能够识别正确的图案，这样，人工大脑细胞就被训练出能辨认复杂图案的能力。这种系统叫作神经网，它在执行某些任务方面已经非常成功，比如说笔迹识别等专家系统对此无能

↑这只机器人昆虫叫作根格斯，由美国麻省理工学院制造。它可以利用红外线传感器和机械触须探测并追逐任何移动中的物体，还会从阳光下移动到阴影处。这个机器人还没有学习能力，仅仅是被编程以完成这些动作。

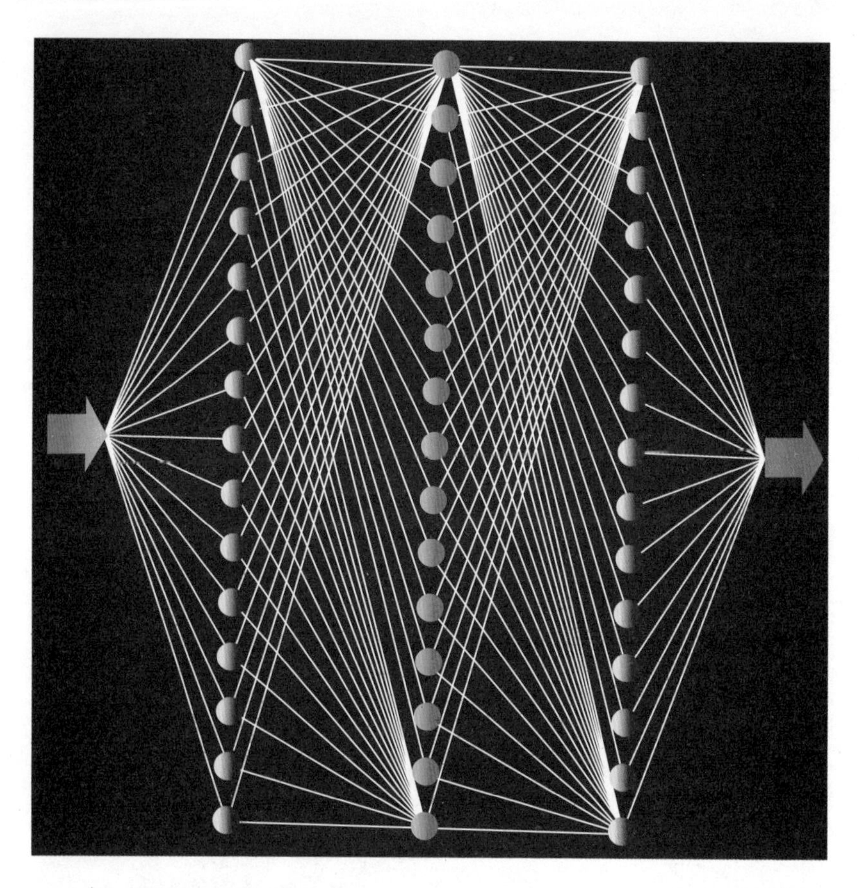

↑ 一个神经网络试图模仿动物的神经系统。输入（红色箭头）被参量接收（紫色圆圈），并且被传递到“神经元”（红色圆圈）用于数据处理。输出被传递到蓝色圆圈，并沿蓝色箭头出去。输入可以根据预先编程的常量进行调整。

为力的领域。

两种编程语言——Prolog 和符号化语言 LISP——就是特别为人工智能开发的。Prolog 是逻辑编程语言，程序员不需要编写解决问题的方法，只需要书写问题的逻辑说明书，然后让计算机决定如何解决这个问题。逻辑编程是一种新的技术，但是它提出的解决方案比不上程序员提供的方案。然而，它的拥护者希望未来有一天它能消除编写程序的需要。

↑专家系统试图执行那些需要专家知识的任务。这里，一名研究人员正在一台专家系统上工作，这个系统可以识别被说出的单词（单词“baby”在终端上被分析）。同其他事物相比，最终的专家系统应该是这样的一个系统：它能够响应而且自身也能运用终极的人类专长——口头语言。

英国数学家阿兰·图灵认为，即使机器再复杂，它的计算能力也是有限的。此外，能由功能最强大的计算设备计算的任何事物，就同样能由他设计的极其简单的机器来计算，这种机器就是图灵机。这种机器比现代的超级计算机慢很多，但是它最终也能得到答案。图灵提议了一项测试来确定计算机是否具有人类智能，这项测试需要两个人、一台计算机和两个有门的房间。在一个房间里，在一扇紧闭的门后面放了那台计算机；在另一个房间里，是一个人。另一个人是评判员，被允许与房间里的计算机和人进行交流，前提是所使用的交流方法不能泄露房间里是人还是计算机（可以在计算机屏幕前打字）。这个评判员在短时间内分别与计算机和人进行交流，接着必须讲出哪个房间里面是计算机，哪个房间里面是人。如果评判员不确定或者判断错误，那么计算机就获胜了。